JN180330

麺の科学

粉が生み出す豊かな食感・香り・うまみ

山田昌治　著

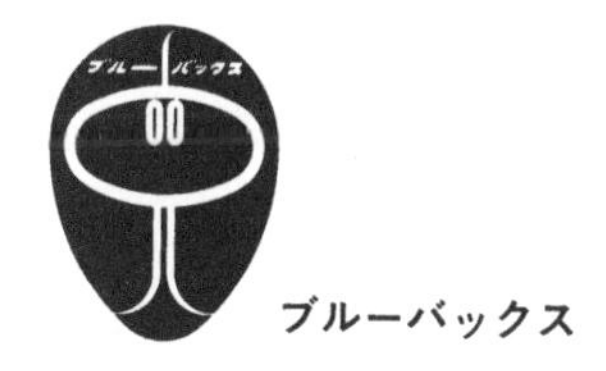

ブルーバックス

カバー装幀―芦澤泰偉・児崎雅淑
本文デザイン―齋藤ひさの（STUDIO BEAT）

はじめに

麺というと、どんな麺をイメージされますか？　うどん、素麺、蕎麦、ラーメン、スパゲッティなど私たちの生活には実にたくさんの麺があふれています。もう麺なしでは生きられない、といっても過言ではないほど、生活に溶け込んでいます。麺は単に食べ物という意味だけではなく、もはや文化です。

ラーメンに関しては、中国で生まれ、わが国で独自の発展を遂げ、まさに文化となり、さらに即席麺に至っては、世界の食文化を支えているといってもよいでしょう。日本を含む東アジアでは、蕎麦粉や米粉や、ラーメンの原料でもある小麦粉を使った多種多様な麺が食べられています。

イタリアにはパスタという壮大な食文化があります。ショートパスタというと、マカロニをはじめとして、ペンネ、フジッリ、ファルファッレといったさまざまな形状のものがあり、それぞれに独特な名称がつけられています。また、細長い麺状のものでは、スパゲッティだけではなく、リングイネ、タリアテッレ、カペッリーニなどサイズ・形状に応じて多種多様な名称がつけられています。これは、わが国で太さによって、素麺、冷や麦、うどんと呼ばれている以上に多様性があります。

最近研究者として、うどんに関わることが多くなりました。うどんは、小麦粉と食塩と水だけで作られるシンプルな配合の麺ですが、讃岐（さぬき）うどんのように歯ごたえのある麺から、伊勢うどんのように非常にソフトな麺まで、多種多様な食感のうどんがわが国にはあります。同じ小麦粉から作られるうどんにこのような幅広い食感があるのはどうしてでしょうか。本書ではその秘密に迫ります。

生産に携わっている方たちとの交流で、長年の経験に裏づけられた、たいへん興味深い匠の技とでもいうべきお話も聴くことができました。筆者が食品の化学と工学に関わるようになってから、麺職人といわれる方々は、ご自身の匠の技の科学的な意味を求めていることを強く感じています。腕によりをかけて作った麺の歯ごたえが強いのはなぜだろうか。素麺はなぜ保管しておくだけで歯ごたえが増すのだろうか。ゆで水によって麺の食感が変わるのはなぜだろうか。さらには国産小麦を使ったうどんの風味が強いのはなぜだろうか。これまで筆者はこういった職人一人一人の疑問に答えたいと努めてきました。

筆者はもともと食品プロセス工学といって食品の製造に関する技術分野が専門ですが、食品を高品質で製造するには食品の化学が重要であると考えており、職人さんたちの疑問に答えてきた結果、素麺、冷や麦、うどん、蕎麦、あるいはスパゲッティといった麺の品質特性について、ある一つの概念にたどりつきました。本書では、日本をはじめとする世界各地の麺についてご紹介しながら、その品質特性について、科学的な視点から解説を試みたいと考えております。ある一つの概念とは、小麦という植物が進化してきた厳しい環境で獲得した形質と深く関わっており、それが小麦粉の特性に強く現れていることです。

第1章では、麺の原料として最も使われている小麦粉と、それ以外の麺用の穀物について、解説します。

小麦という植物の起源は中近東の高原の砂漠地帯です。そこに自生していた植物を人類が改良して、ヨーロッパやインド、中国に、さらにはアメリカ大陸、オーストラリアに広がってきました。その進化・伝播の歴史をたどることで、小麦が麺やパンに適した穀物である理由についてわかるようになります。

また、蕎麦という植物、それがどのように蕎麦粉になるのかは知っておきたいところです。最近はやりの米粉も麺用の原料です。日本人にとって最もなじみのある穀物である米、その粉砕物である米粉も非常に多くの種類があることに驚かれるでしょう。また、麺の食感を変えることを目的として、片栗粉やタピオカなどのデンプン類が麺に加えられます。これらのデンプン類がどのように食感の改良に寄与するのかについてお話しします。

やや難しい科学の話もありますが、その中に麺がおいしくなる秘密が隠されています。場合によっては、2章以降を先に読んで、後から1章を読みながら2章以降の意味を理解していってもいいでしょう。

第2章では、おなじみのさまざまな麺について解説します。デュラム小麦から作られるイタリアのパスタは、マカロニ、スパゲッティ、ラザニアなどさまざまな形状のものがあるばかりではなく、スパゲッティ一つとっても、さまざまな太さ、断面形状のものがあることをご紹介します。中国が起源の中華麺は日本に渡って驚くほど進化をしました。中華麺に添加されるかん水とは何か、かん水添加によって麺にどのような変化が起こるのかについてお話しします。わが国では、うどんをはじめとして、冷や麦、素麺などさまざまな太さ、断面形状の麺があります。日本蕎麦も日本の麺文化になくてはならないものです。また、米の産地である中国から東南アジアにかけては、多様なライスヌードル文化があることを紹介します。

第3章では、麺の栄養学的な側面についてお話しします。糖質、脂質、タンパク質、および微量栄養素が穀物ごとにどういう特徴があるのかを解説し、その特徴からどのような食べ方がよいのかについていくつかの提案をします。

第4章では、筆者がテレビなどでご紹介している、麺をおいしくする裏技のお話をします。最近はテレビ番組で麺をテーマに取り上げると視聴者の反応がよいそうで、オファーが多く、そのたびに実験で確かめながら、さまざまな方法を考えています。いずれもご家庭で簡単にできる技ですので、本書を読んだらさっそくお試しください。

第4章でいろいろな技をご紹介しますが、そこに至るまでは多くの試行錯誤がありました。そこで、第5章ではうまくいかなかったことをまとめました。最近テレビ番組でもNG集というのが人気だそうです。第5章も「麺の科学NG集」と題してご笑覧いただきたいと考えております。

麺という言葉は、中国発祥のラーメンが、小麦を原料として作られた細長い食品を表す「麵(めん)」(元々は「麪(めん)」)と呼ばれていたことに由来します。本書では現在、常用漢字となっている「麺」という字を使います。

本書によって、麺という食文化のすばらしさをいささかなりとも科学の視点でお伝えすることができれば筆者にとって望外の幸せです。

麺の科学
もくじ

第2章 こんなにある！ おいしい麺いろいろ……67

第1章

小麦粉、蕎麦粉、米粉

―― 麺を作る粉の科学 ――

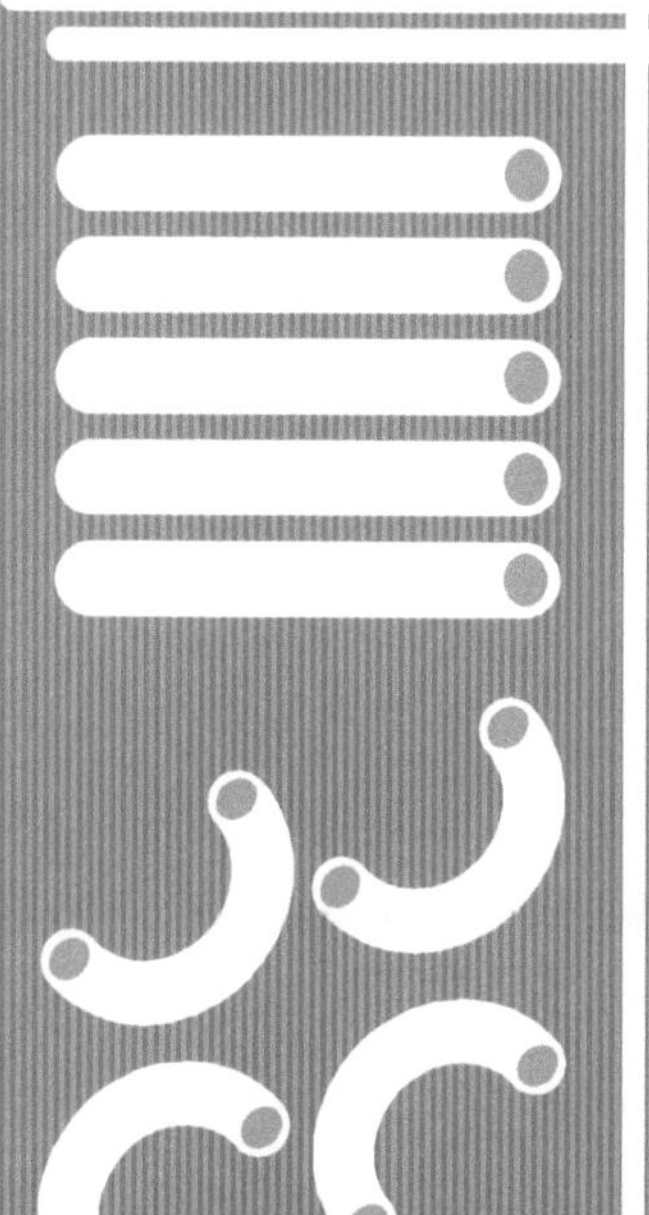

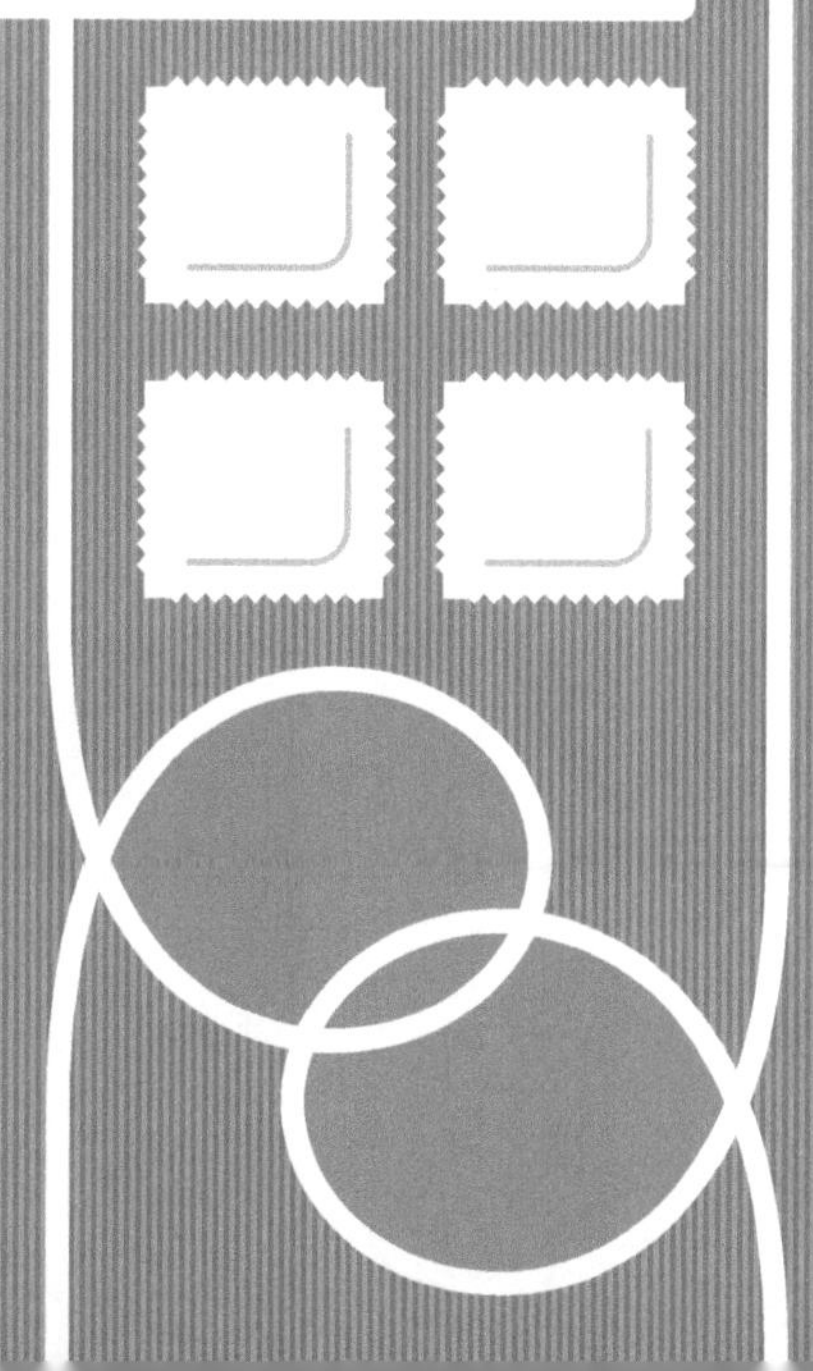

麺類は、粉を練って作るものですが、その「粉」とはなんでしょうか。一番多いのはなんといっても小麦粉です。またわが国では、蕎麦粉から作られる日本蕎麦を食べています。米粉から作られるビーフンといった麺もあります。さらには、単独で麺として食べられることは少ないのですが、片栗粉やタピオカも麺の原料です。小麦粉や米粉の麺に加えて食感を変えたりしています。この章では、小麦粉を中心に、米粉、蕎麦粉、片栗粉、タピオカについて、その特徴と麺の原料としての特性について述べることにします。

1-1 小麦粉

皆さんは「小麦粉から作られる食品は?」と問われたら、多くの食品を思い描くことができるのではないでしょうか。パン類、麺類、あるいは菓子類などがあり、それぞれ種類も多種多様で、一つ一つ挙げていくときりがありません。麺類では、うどん、中華麺、スパゲッティなど多くの麺に使われているので、まずは小麦の話から始めましょう。

わが国では、小麦は米とともに主要な主食用の穀物であり、世界的にみるとトウモロコシを加えて、三大穀物と呼ばれています。小麦の世界の生産量は、７億４９００万トンです。トウモロコシの10億６０００万トンには及びませんが、米の７億４１００万トンに肩を並べる生産量です（いずれも２０１６年国際連合食糧農業機関の統計データ）。

穀物は人類にとって重要な食糧源であることに議論の余地はありませんが、米、トウモロコシ以外にも、大麦、ライ麦など数ある穀物の中で、なぜ小麦がこれほど普及したのでしょうか。その理由としては、以下の2点が挙げられます。

（1）北はスカンジナビア、ロシアといった北緯60度を超える寒冷地から熱帯地方を含み、南はパタゴニアまで、気候条件の厳しいところでも栽培することができる。

（2）水と混ぜて練るとグルテンと呼ばれる粘り気と弾力性に富んだ物質ができ、これが食品としての多様性に貢献している。

実はこの２つの理由が、小麦の起源を調べていくと必然的なものであることがわかるのです。その説明のために、ここでは小麦について少し詳しく述べていきます。

小麦の起源と進化

小麦は、被子植物、単子葉、草本類(そうほん)の仲間です。単子葉、草本類の中でも、小麦はトリティカム（*Triticum*）属に分類されます。小麦の起源、つまり栽培される以前の小麦は、イラン西部、イラク東部、そしてトルコ南部および東部に隣接する地域で進化した植物です。

その野生の小麦を人類が栽培し始めたのは約1万年前であるとされています。1万年前といえば新石器時代であり、小麦を栽培することができるようになって、人類は動植物を追い求めて、土地から土地へと移り住む狩猟採集社会から、一箇所に居住し、農作物を収穫して生活の糧とする定着農業社会へ一大変革を遂げることになりました。もともと狩猟社会においても、野生の植物を採取して食べていたものと思われますが、中でも野生種の小麦が栽培用に選ばれた理由は、他の雑草に比べて穀粒が大きかったからだと考えられています。

現代の普通小麦のトリティカム エスティバム（*Triticum aestivum*）は、現在のデュラム小麦の祖先であるエマー小麦にカスピ海南岸を西端とする地域に自生していたタルホ小麦（エギロプス タウシー：*Aegilops tauschii*）を掛け合わせてできました。ゲノムの解析から、栽培によって人工的に作出されたものと考えられています。このあたりの遺伝的系統を明らかにしたのは京都大学の木原均博士です。彼は自ら立てた仮説を、実際にアフガニスタン、イランで学術探検を行うことによって、タルホ小麦を発見し、証明したのです。

タルホ小麦由来以外の小麦も使われています。前出の「デュラム小麦」は、イタリアや北アフリカといった地中海沿岸やアメリカ大陸、中央アジアで広く栽培され、マカロニ、スパゲッティなど主にパスタの原料として使われています。普通小麦と比べると、遺伝的系統が異なるため、タンパク質含有量が多い、タンパク質が硬い、黄色みが強い、といった特徴がありま す。黄色みのもとになっているのはカロテノイドの一種、ルテインという物質で、含有量が普通小麦に比べて多いため、黄色みが強くなります。

余談ですが、ルテインは抗酸化性が強いため、カナリヤはルテインを羽に蓄積して体内の酸化に対応しています。カナリヤは自分自身でルテインを作ることはできませんので、穀類を食べてルテインを蓄積しています。

さて、小麦の野生種が生育していたトルコ南東部は、年間降水量が数百㎜程度しか期待できない高原の砂漠地帯です。このような不毛の土地で小麦はどうやって命をつないできたのでしょうか。少なくとも水は定常的に欠乏していたものと思われます。

図1-1　小麦の穂

小麦の穂を見ると、種子の上部に「ノギ」と呼ばれる針状の器官がみられます（図1-1）。一般的に動物や昆虫から種子を守る、あるいは動物の毛に付着して種子を輸送する役割があるとされています。また、この針のような構造は物理学的に、空気中の水分子を引き寄せる力があります。

小麦粒の断面写真（図1-2）では、表皮が巻き込むように種子内部に食い込んでいることがわかります。これをクリーズと呼んでいます。種子表面が内部まで直結していることから微生物が侵入しやすい構造となっており、身を守るという観点から一見不利なようにみえます。しかし、空気中の水分がノギに付着し、種子まで導かれるとクリーズから吸収することができるので、水の少ない砂漠でも生きられるという利点があります。

わが国は年間降水量が多く、特に小麦の収穫期にあた

図1-2　小麦粒の断面

る6月に梅雨があるため、砂漠で進化してきた小麦にとっては、あまり居心地のよい土地ではないようです。「麦秋」という言葉は小麦の穂が実り、収穫期を迎えた初夏の季節を指します。小麦が熟し、小麦にとっての収穫の「秋」であることから、名づけられた季節で、俳句の世界では夏の季語です。その時期に多量の雨が降ると小麦は驚いて、命をつなぐつもりで穂の状態で発芽してしまいます。発芽には多量のエネルギーが必要であるため、収穫した小麦はデンプンが消費されたやせ細った穀粒となってしまいます。唯一梅雨のない北海道は小麦栽培に適した地域として小麦の栽培が促進されました。その後、わが国の優秀な農業技術者の尽力により、北海道以外の地域でも多くの優れた品種が開発され現在に至っています。

小麦の伝播と食べ方

さて、小麦を食品としてみた場合、皮部は何とも風味の悪いものです。野生種の小麦を食べ始めた当時の人々も、なんとか皮部を除去できないものかと考えたに違いありません。米は周囲の皮部を磨くことによって除去できますが、小麦の場合は周囲の皮部を削るだけではクリーズの皮部が残ってしまうため、精米工程のような工程では目的を達成することができません。そのため、少しずつ砕いては、皮部と胚乳部を分離するプロセスが開発されました。

小麦の栽培が始まったメソポタミア文明の時代には、小麦を種子ごと粥状にして食べていたと思われ、文明の発展を食の側面から支えていたと考えられています。エジプト文明の壁画には、サドルカーンと呼ばれる石でできた粉砕器で穀物を粉砕している様子が描かれていることから、この時代のエジプトでは小麦を粉砕して、皮部と胚乳部を分離して食べる習慣が成立していたと推定されます。

厳しい環境に適応して進化した小麦はどんどん各地に広がり、ヨーロッパへは約８０００年前にアナトリア（現在のトルコ）を経由してギリシャへと伝わり、それから１０００年かけて、バルカン半島を経由してドナウ川を遡上する経路と、もう一つ、イタリア、フランス、スペインを横断する経路で伝わり、最終的に約5000年前にイギリスとスカンジナビア半島に達しました。

反対方向へは、シルクロードに沿って、イランから中央アジア、最終的に約3000年前までに中国に達しました。またエジプトを経由してアフリカ大陸にも広がっていきました。大西洋を越えたのは比較的最近です。スペイン人によって1529年にメキシコへ、イギリス人によって1788年にオーストラリアに伝わりました。わが国へは、今から約2000年前の弥生時代の遺跡から炭化した小麦が見つかっていることから、弥生人は米とともに小麦を食べていたものと思われます。中国への小麦の伝播と1000年ほどの時間差がありますが、伝わったのはこの間であると考えられます。

世界各地へ広がるとともに食べ方にも変化が現れました。前述のように小麦の皮部は臭気があり食べにくいため、皮部と胚乳部を分離する必要がありました。小麦粉製造の観点からいうと、一気に小麦粒を粉砕すると皮部も胚乳部も細かくなってしまい、両者を分離することは不可能となってしまうため、最初の段階では、皮部は細かくならず、胚乳部も大きな粒のままで、皮部と胚乳部を分離するだけの粉砕を行い、その後に篩(ふるい)を用いて、皮部と胚乳部を分離し、分離された胚乳部（まだ皮部が残っている）をさらに粉砕して、篩い分けるという操作を繰り返すことによって、できるだけ皮部の残存しない小麦粉を得るようになりました。

サドルカーンを用いて砕くことから始まり、石臼を経て、19世紀半ば以降、粉砕法として一度に多量の小麦を粉砕できるロール式粉砕機が実用化されました。さらに皮部と胚乳部を空気力学的に分離する純化装置が開発されたことにより、近代製粉法が構築されました。

近代製粉法は段階式製粉法と呼ばれ、小麦粒は一気に粉砕するのではなく、少しずつ粉砕しては篩い分ける工程のため、小麦粉という製品が最終工程で出て来るわけではなく、各所の篩い分け装置から小麦粉が出てきます。その粉をストリーム粉と呼び、それを集めて小麦粉製品にします。

麺の誕生

さて、本書の主題である麺の話に戻りますが、一般的な小麦粉からは中華麺、うどん、冷や麦、素麺、またデュラム小麦からはスパゲッティなどのパスタが作られるわけです。

前述のように栽培が始まった当時は、小麦を粥状にして食べていましたが、その後広まった食べ方には2通りの方向性がありました。一つは小麦粉を練って生地を作り、無発酵パンあるいは発酵パンとして食べること、もう一つは練った生地を小さくちぎって「すいとん」のように食べることでした。この2つ目のものが、だんだんいろいろな形状になっていき、最終的に細長い麺になりました。いずれも粥の状態からだんだん食感を求めるようになったと考えることができます。

中国には「湯餅（とうへい）」という言葉があります。これはヨーロッパでいえば「ショートパスタ」に相当する言葉で、小麦粉と水をよく練った塊をゆでたものです。また包丁で小さく切って小型の「湯餅」とした「不托（ふたく）」というものがあります。「不托」というのは少し変わった言葉ですが、「托」は「托鉢（たくはつ）」という言葉にも使われ、手のことを意味し、もともと手でちぎっていたものを包丁などで切るようになったため手を使わないという意味で「不托」という言葉が生まれたものと考えられます。いずれにしてもこれらの「ショートパスタ」あるいは「すいとん」の形状から細長く進化した結果として麺ができたと思われます。

小麦はシルクロードに沿って東方に伝播した、とお話ししました。ではメソポタミア文明ではみられなかった麺は、中国でいきなり中華麺として現れたのでしょうか。シルクロードに沿って調べていくと、中央アジアで広く食べられている「ラグマン」という麺に遭遇します。これは中力粉に塩水を加えて十分に練り、しばらく寝かせた後、さらに捏(こ)ねるという、うどんの配合・製法と同じもので、カザフスタン、キルギス、タジキスタン、トルクメニスタン、ウズベキスタン、東トルキスタン（中国新疆(しんきょう)ウイグル自治区）で広く食べられています。ラグマンという語感からラーメンを想像できますね。中国語の拉麺(ラーメン)の語源ともいわれています。こうしてシルクロードを伝わって中国に入ると一気に麺文化が花開きます。かん水を加えて麺を塩基性（アルカリ性）にして、歯ごたえを強くした中華麺ができました。かん水は「鹹水」と書きます。ラグマンが中国に伝わって、たまたま鹹湖(かんこ)（塩水湖）の水を使ったところ歯ごたえのあるよい風味の麺ができたことから中華麺ができたと考えられ、その後も加えられる塩基性塩を「かん水」と呼ぶようになりました。中国では当初、生地を練って、包丁で切り出して細い線状にして食べる刀削麺(とうしょうめん)だったものと思われますが、だんだんと積極的に細長いひも状に延ばして現在の麺の形になりました。中華麺が日本に伝えられたのは、19世紀、江戸後期です。

それよりかなり早く、おそらく7～8世紀に、うどんは中国から渡来した小麦粉の餡(あん)入りの団子菓子「餛飩(こんとん)」が起源であるとする説が有力です。同じ頃に素麺も遣唐使によってわが国に持ち込まれた「索餅(さくべい)」が起源であると考えられています。索餅は揚げ菓子の一種だったことがわかっています。素麺は製造時に麺同士の付着を防ぐため油を塗りますが、祖先が揚げ菓子だったことと関係があるのかもしれません。

さて、小麦のヨーロッパへの伝播の中で、ローマ文明を小麦が支えることになりました。当初はメソポタミア文明と同じように小麦を粥状にして食べていましたが、エジプトではサドルカーンを使って粉にして水と一緒に練って生地を作り、パンの文化が芽生えました。またバルガー（ブルグルともいいます）といってデュラム小麦を粗挽きして、湯通しし、乾燥させたものを、ピラフ、スープ、パン、ファルス（肉詰め料理）などに調理して食用としていました。さらに同じくデュラム小麦を粗挽きし、粒状にしたものをクスクスと呼び、蒸したり、炊いたり、煮込んでスープにしたりして食べていました。そのうちもっと大きな塊状の小麦粉食品が食べたいとのことでショートパスタが創り出されました。

イタリアのローマの西方40キロくらいの所にあるチェルヴェーテリという町にある約2400年前のエトルリア人の遺跡から現代とほぼ同じ形のパスタを作る道具が出土しています。古代ローマ時代には「ラガーナ」と呼ばれるパスタがあったとの記述がありますが、今のようなゆでるものではなく、焼いて食べていたようです。このようにイタリアでは古くからパスタを食べる習慣が定着しており、現代では、実に数百種類のパスタがあるとされ、ご存じの通りスパゲッティをはじめとして、世界中で食べられています。

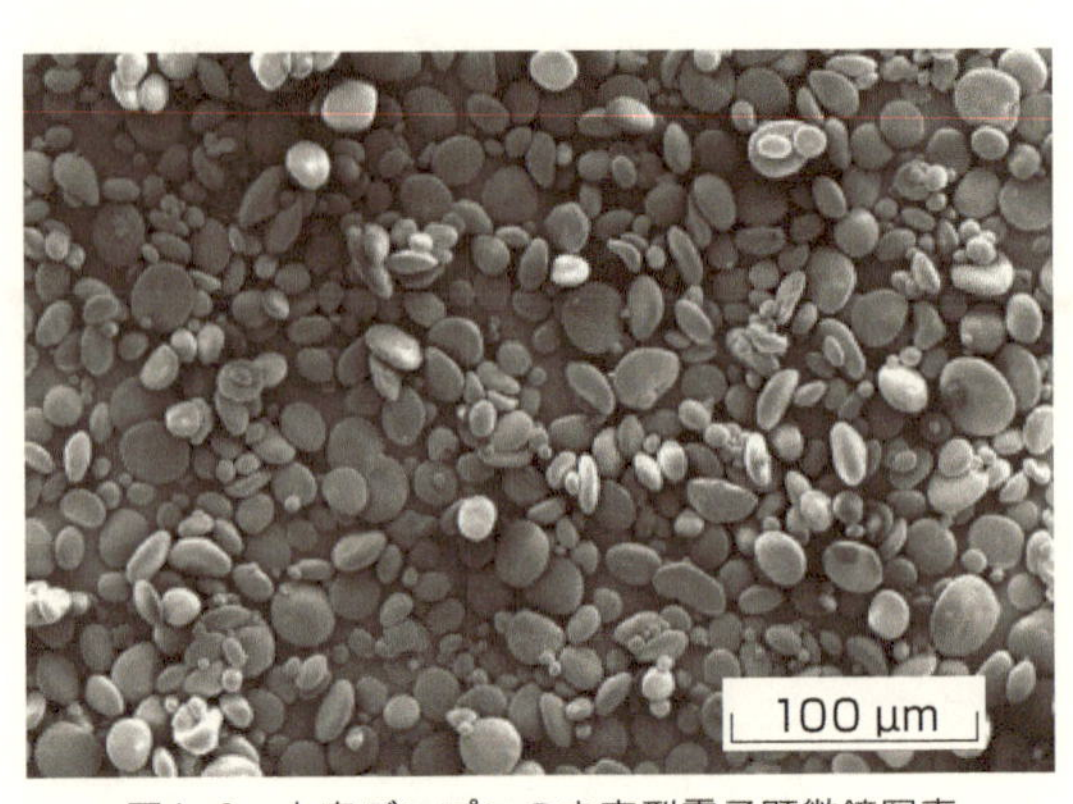

図1-3　小麦デンプンの走査型電子顕微鏡写真

もちっ、とろっ。食感のもとになる小麦デンプン

小麦粉は、デンプン、タンパク質、脂質、およびその他、カロテノイドといった微量物質からできています。この中で、パンや麺といった小麦粉二次加工製品の品質に強く寄与するのはデンプンとタンパク質の2つです。ここではこの両者について詳しく述べることにします。

デンプンは植物のエネルギー源として、種子や根に蓄えられる多糖類です。小麦デンプンの走査型電子顕微鏡写真（図1-3）よりわかるように、小麦デンプンは、粒子径20㎛（マイクロメートル：100万分の1m）くらいのレンズ形粒子と5㎛くらいの球形粒子

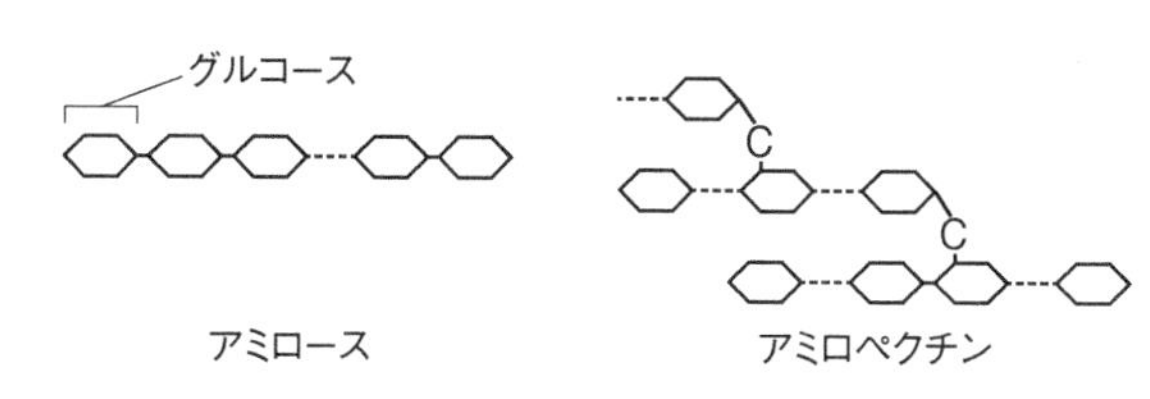

図1-4　アミロースとアミロペクチンの分子構造（イメージ）

から構成されています。なぜ2種類の異なった大きさの粒子から構成されているのかはよくわかっていません。

デンプンはグルコースが数珠つなぎになっている状態のものですが、小麦デンプンの場合、そのつながり方によってアミロースとアミロペクチンの2種類に分けられます。1000分子程度数珠つなぎになったものをアミロース、おおよそ20から25分子ごとに分岐した構造を持つものをアミロペクチンと呼んでいます。図1－4は分子構造のイメージ図です。アミロペクチンが樹木の枝状になっていることに注目してください。アミロースは、α－アミラーゼという酵素によるグルコース間の結合の切断が起こりやすく、アミロペクチンは切断が起こりにくいという、二段構えのエネルギー利用が備えられていると考えることができます。

図1－5に小麦デンプン断面の走査型電子顕微鏡写真を示します。これは、組織細胞切片を作製するためのミクロトームという装置でデンプン粒子を切断し、アミロースの鎖を切断する酵素であるα－アミ

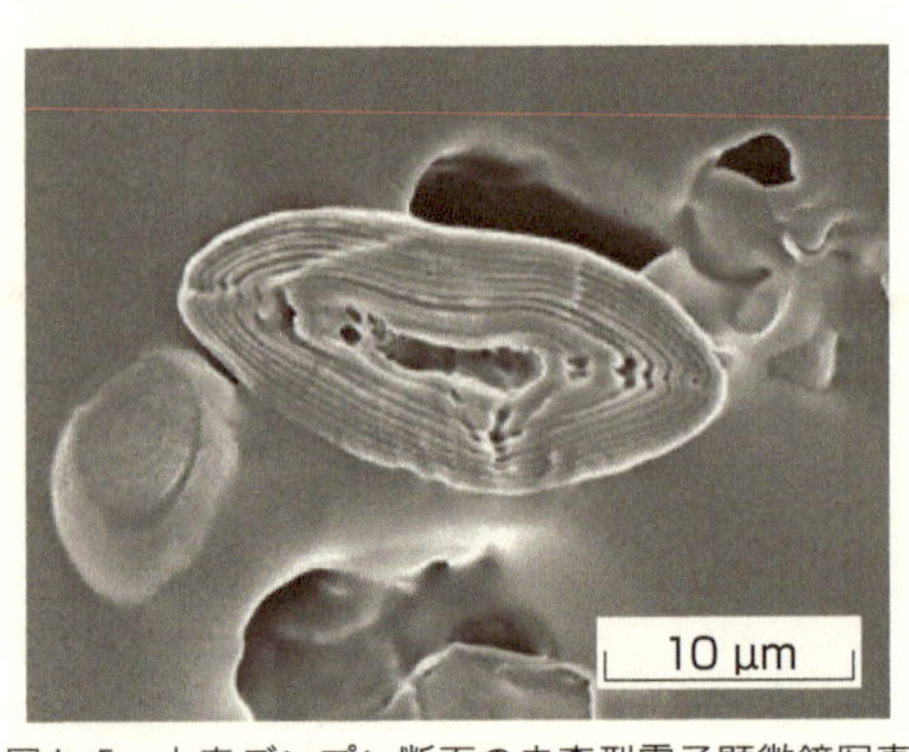

図1-5　小麦デンプン断面の走査型電子顕微鏡写真

ラーゼ液に浸して処理した試料です。デンプン粒子内部に層状構造がみられます。アミロースが豊富な層はα-アミラーゼで酵素分解されやすく、窪みとなっています。アミロペクチンが豊富な層は、酵素分解されにくいため残っています。

また、デンプンを食品として利用するという点では、糊化・老化という現象が重要です。デンプンを水に懸濁させ、温度を上げていくと、50℃くらいから徐々にアミロースがデンプン粒子外に溶け出していきます。さらに温度を上げていくと溶け出したアミロースの空隙に水が浸入し、アミロペクチンの枝間に水が浸入することで、デンプン粒子全体が水をたくさん吸収し、膨らんでいきます（図1-6）。アミロペクチンの枝間に水分子が浸入するにはエネルギーが必要であるため周囲から熱を奪う反応となります。この現象は、示差走査熱量計という

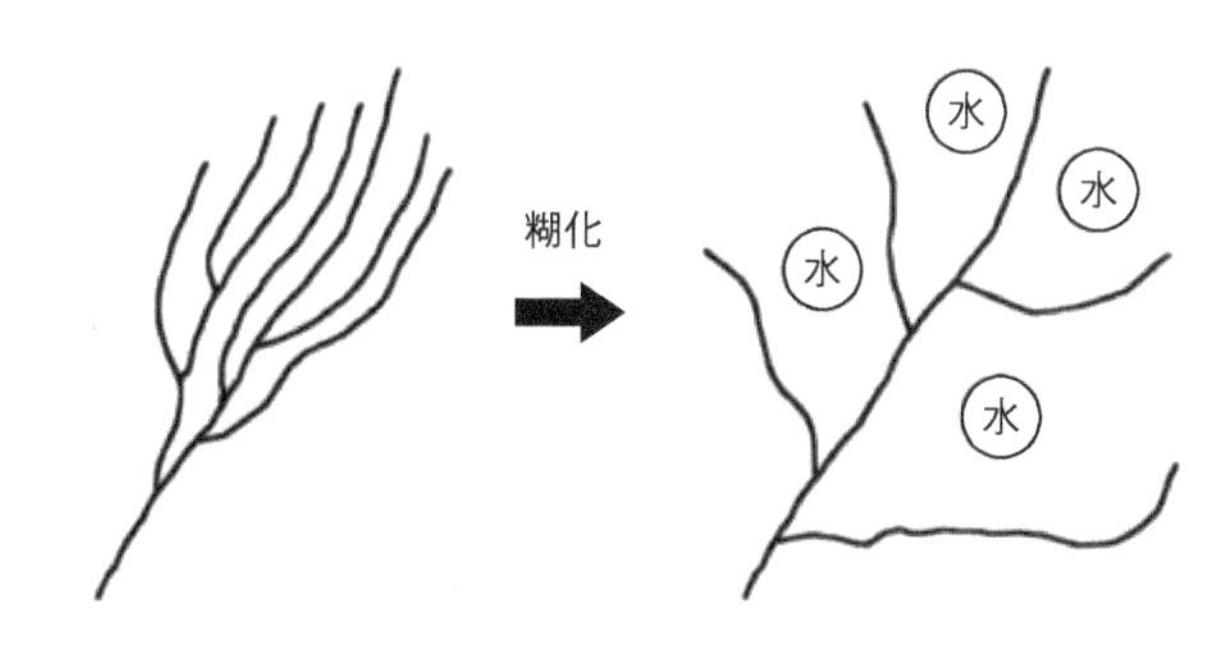

図1-6　アミロペクチンの膨潤（イメージ）

分析装置で測定すると吸熱ピークがみられることでわかります。65℃くらいでアミロペクチンは膨潤し、周囲の水の粘度が高くなり、透明な糊状となります。これが糊化現象です。

食品加工では、とろみや粘り気を付与するために、この現象が利用されます。糊化したデンプンはそのまま放置しておくと水分を放出して硬くなります。これは老化現象と呼ばれます。糊化前のデンプン中のアミロペクチンの枝同士は水酸（ＯＨ）基の水素結合で硬く結合しています。つまりアミロペクチンの枝と枝が規則正しく並んでいるため、生のデンプンは結晶性を示します。デンプン粒子を水中で昇温していくとアミロペクチンの枝間に水分子が入り込み、膨潤・糊化することで結晶性が失われます。糊化した後に、デンプンを空気中で放置するとアミロペクチンの枝間の水分子が蒸発し、だんだん硬くなります。このとき枝と枝は元どおりにならずに乱れた状態で硬くなります。そのため、再度水を加えると比較的容易に枝間に水分子が入ります。水分を急激に蒸発させるとアミロペクチンの枝間の乱れは大きいままで硬くなるため、再加水でより容易に糊化させることができます。これが保存食料の考え方です。わが国では、糊化をアルファ化、老化をベータ化と呼ぶことがあります。

食品品質の観点でいうと、アミロペクチンの多いデンプンは糊化したときにモチモチした食感が期待でき、逆にアミロースの多いデンプンは糊化したときにドロッとした食感になる傾向があります。たとえばうどんにはモチモチ感が求められるので、うどん用の中力粉に利用される中間質小麦は、比較的アミロース含有量の少ない、いわゆる低アミロース小麦が望まれています。

小麦粉を生で食べられない理由とは

乾燥した小麦粉100g中のデンプン含有量は90gも占めており、デンプンの糊化・老化特性は小麦粉の二次加工にあたってたいへん重要な意味があります。

デンプンの次は、小麦の性質に大きく関わるタンパク質について解説します。

小麦タンパク質は小麦粉の状態では硬く、変形させにくいのですが、水を加えて練ることにより、独特の弾力性と粘り気のある物質に変化します。このような弾力性と粘り気をあわせ持つ性質を粘弾性的性質と呼びます。先に述べたようにデンプンは室温の水では糊化しませんので、この粘弾性的性質は小麦タンパク質によって現れるといってよいでしょう。ここでは、小麦に含まれるタンパク質の種類と性質について解説します。

小麦タンパク質の水和物をグルテンと呼んでいます。タンパク質は多数のアミノ酸が数珠つなぎになった天然高分子で、極めて複雑な構造をしています。ここでは構造の説明は省き、グルテンの物理的特性を説明するにあたって、オズボーン（Osborne）の分画法という分析法で、説明を試みたいと思います。

オズボーンの分画法は、極性（タンパク質を溶かす性質）の弱い溶媒にグルテンを入れて、溶け出したタンパク質の性質を調べ、溶けなかった物質をその次に極性の弱い溶媒に浸して、そこで溶け出したタンパク質の性質を調べていく、ということを順次繰り返していく方法です。この方法でわかった、小麦タンパク質を構成するタンパク質名と質量構成比が表1-1です。表の読み方は、アルブミンの場合は水には溶ける、グロブリンの場合は水には溶けないが

ステップ	溶媒	タンパク質を溶かす性質	抽出物	質量比(%)
1	水	弱い	アルブミン	15
2	0.5M NaCl	↓	グロブリン	3
3	70%エタノール	↓	グリアジン	33
4	0.5M酢酸	強い	グルテニン	16
			残りのタンパク質	33

表1-1　Osborneの分画法　(M:mol/ℓ)

食塩水には溶ける、といったように、上から順にそれぞれのタンパク質が溶ける溶媒、溶けない溶媒を見ていくことができます。

アルブミンは、主成分であるアミラーゼ阻害剤が、植物性のアミラーゼは阻害せず、動物性のアミラーゼのみ阻害するという性質を持っています。多くの研究者は、おそらく小麦種子が動物や昆虫に食べられないための防御的な性質ではないかと考えています。このことが、小麦粉を生で食べるとお腹を壊すといわれる理由の一つです。

グロブリンとは、水には溶けないが「食塩水」で抽出される画分、つまり食塩水に溶けるタンパク質ということがわかります。3%と存在割合としては少ないのですが、α-アミラーゼ、β-アミラーゼ、プロテアーゼなど植物の生命維持活動にとって重要な酵素が多く含まれています。

食塩水より極性が強い「エタノール水溶液」で抽出される画分をグリアジンと呼びます。このタンパク質は、粘り気が強く、斜面に置くとドロドロと流れ出します。グリアジンは、次に述べるグルテニンとともに、小麦粉生地の粘弾性的性質の発現に強く関与しています。

アルコール水溶液では溶けず、アルコール水溶液より極性の強い「酢酸水溶液」に溶けるタンパク質をグルテニンと呼びます。このタンパク質は、弾性的性質に寄与しています。弾性的性質とは、力を加えた後、その力を弱めると元に戻る性質を意味します。

おいしさを作る粘弾性の秘密

小麦タンパク質の中で、カギを握るのは、弾性に富んでいるグルテニンと粘り気が強いグリアジンです。

グルテニンは、なぜ弾性に富んでいるのでしょうか。先に小麦は砂漠の高原地帯で進化してきた植物であるとお話ししました。こういった環境では、水とともに小麦にとって必須である窒素も定常的に不足しているものと考えられます。このような厳しい環境でも、時には雨が降りアンモニウムイオンや硝酸イオンの形で窒素分が供給されることがあったでしょう。滅多に供給されない窒素分ですから、小麦はここぞとばかり窒素分を溜め込んだことでしょう。アン

	含有量（質量%）
グルタミン酸	34.7
プロリン	11.8
セリン	4.4
アスパラギン酸	3.7
グリシン	3.4
アルギニン	3.1
アラニン	2.6
トレオニン	2.4
リシン	1.9
芳香族アミノ酸	11.0
含硫アミノ酸	4.1
分岐鎖アミノ酸	13.1
（アンモニア）	3.8
合計	100

表1-2　小麦グルテンのアミノ酸組成

モニウムイオンはそのままの形で、硝酸イオンはいったんアンモニウムイオンに変換されて、グルタミン酸やグルタミンといったアミノ酸の形で種子に蓄積されました。グルタミン酸やグルタミンはタンパク質の原料です。これらを原料として合成されたタンパク質は貯蔵タンパク質と呼ばれています。

小麦の種子に含まれるタンパク質は、したがって、グルタミン酸やグルタミン、さらには、その誘導体であるプロリンの含有率がたいへんに高い組成になっています（表1-2）。

グルテニンは、図1-7①に示すように、2本の「ひも」が末端でつながった構造をしています。グルテニンはタンパク質ですから、この「ひも」はアミノ酸が数珠つなぎになったものです。前述のようにグルテニンの構成アミノ酸はグルタミンが多いため、乾燥した状態では、グルタミン同士の結合で2本のレールのような形をしています。ここで、水を加えて練っていくと、この2本のレールの間に水分子が入り込み、図1-7②のように、ところどころにループができます。さらに練っていくと水が十分に入り込み、図1-7③のように大きなループができます。この図を見ると、なんとなく弾力性があるように感じられるのではないでしょうか。

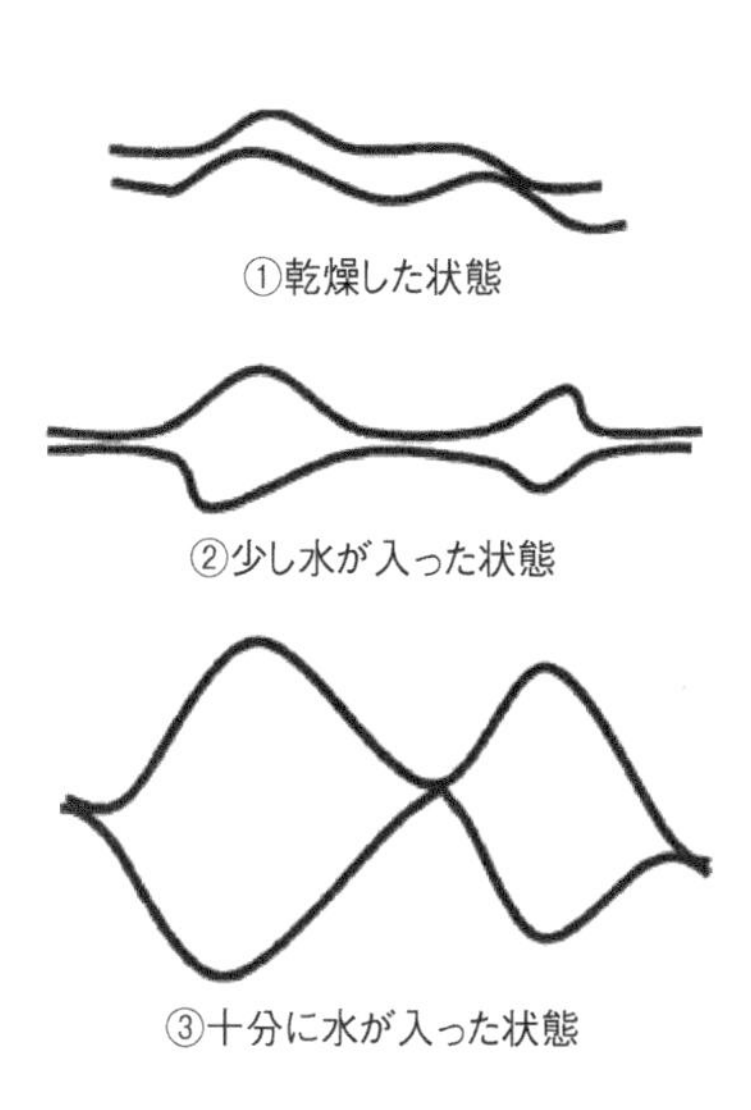

図1-7　グルテニンの構造

一方、グリアジンは分子のレベルでみると小さな球の形をしていて、直感的にいうと、ビー玉がコロコロと転がるように滑るような挙動をするため、目で見えるスケールで見るとドロドロと流れるように振る舞うわけです。ドロドロと流れる性質を粘性といいます。したがって、グルテニンの弾力性とグリアジンの粘性が入り混じって、小麦粉生地の性質が形成されるという意味で、小麦粉生地の物理的性質を粘弾性的性質と呼ぶことにしています。

グルテニン、グリアジンは、1つの単位（ドメイン）が数nm（ナノメートル：10億分の1m）程度のサイズですが、このドメインが種々の相互作用で結合し、目に見えるサイズに重合して膜のような構造を形成します。図1-8は、小麦粉を水と混ぜて十分に練った状態の生地です。伸びがよく、向こう側が透き通って見えるくらい薄い膜になっていることがわかります。

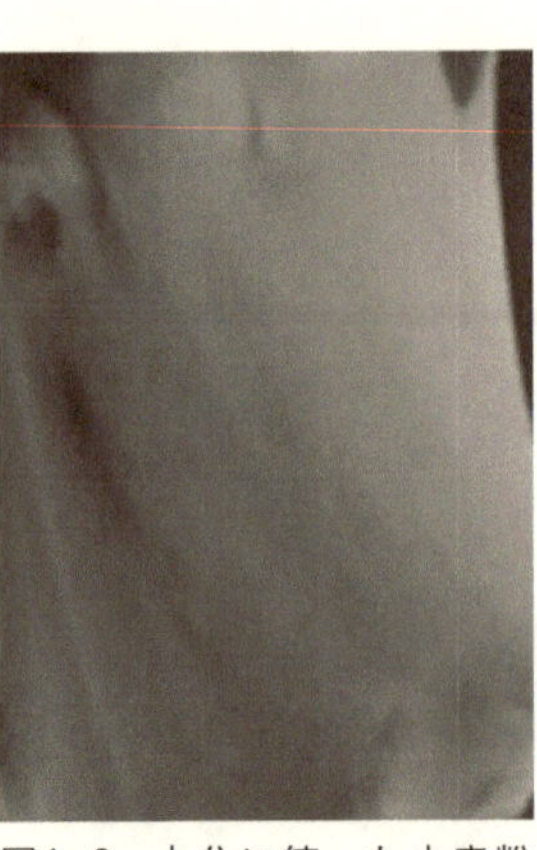

図1-8　十分に練った小麦粉生地

この伸びのよさの理由となる、ドメイン同士が結合する相互作用が何であるかは、長年の小麦研究者の課題でしたが、クロスリンク（図1-9）という結合が関わっていることがわかってきました。

クロスリンクの形成は化学反応ですから、化学反応の一般的な法則に従います。つまり、よく混ぜる方が反応に関与する部分の遭遇する確率が増えますので、クロスリンクが進行します。これを空間効果と呼ぶことにします。また、温度が高い方が化学反応は進行しやすいとい

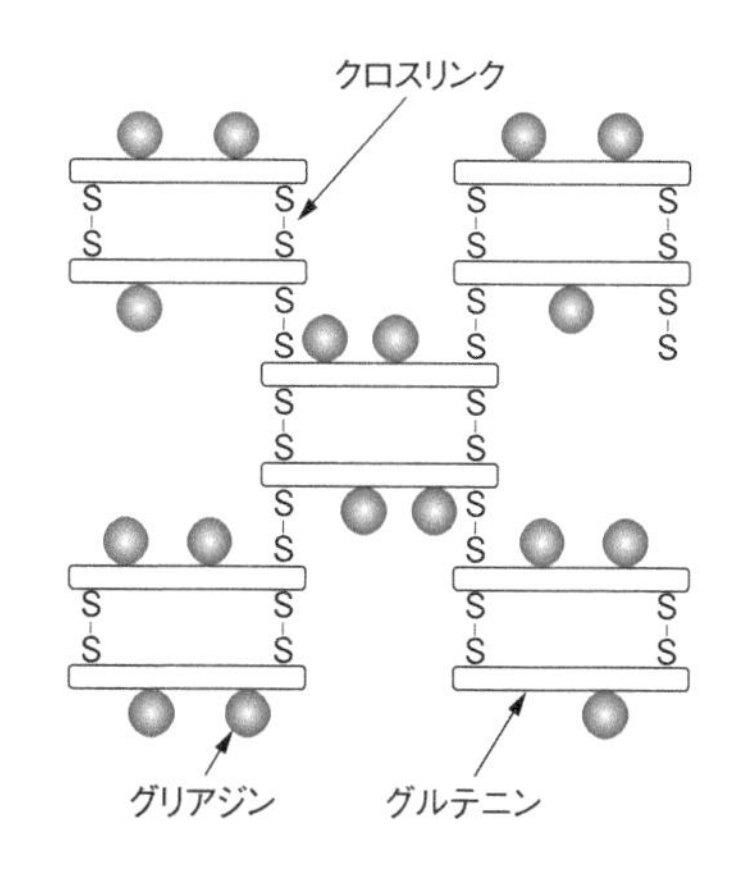

図1-9　クロスリンクによるマクロポリマー化（イメージ図）

えます。これを温度効果と呼ぶことにします。さらには時間をかける方が化学反応を進めることができます。これを時間効果と呼ぶことにします。これらの空間効果、温度効果、および時間効果の3原則は、グルテンの形成や制御を考える上でとても役に立ちます。たとえば、焼き菓子では、生地をよく練ると硬い食感のビスケットになり、あまり練らないとザクザクとした食感のクッキーになります。練り方で食感が変わるのは、クロスリンクの空間効果といってよいでしょう。また、うどんは生地を練った後、一晩寝かせるという作業がありますが、これはクロスリンクの時間効果を狙ったものといえるでしょう。

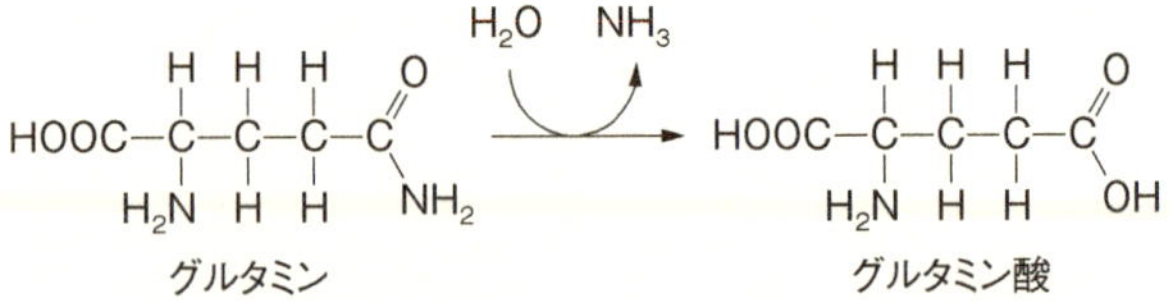

$$HOOC-CH(NH_2)-CH_2-CH_2-C(=O)NH_2 \xrightarrow{H_2O \;\; NH_3} HOOC-CH(NH_2)-CH_2-CH_2-C(=O)OH$$

グルタミン　　　　グルタミン酸

図1-10　グルタミンの脱アミド
塩基性条件のもとでグルタミンからアンモニアが脱離してグルタミン酸ができる。

麺の弾力や香りは、小麦タンパク質から

前項で小麦タンパク質の、特異なアミノ酸組成について述べました（表1-2）。そのアミノ酸が、香り、食感に影響を及ぼしているのです。

グルタミンやアスパラギンは、塩基性条件下で図1-10のような反応を起こします。アンモニアが脱離する、脱アミドという反応で、それぞれグルタミン酸、アスパラギン酸になります。このときアミノ基はアンモニアとして揮発します。かん水を加えて練った中華麺が独特なにおいを発するのは、このアンモニアが原因です。興味深いことに、アンモニアは高濃度では強烈な悪臭物質ですが、脱アミドで揮発する程度の低濃度のアンモニアは好ましい中華麺のにおいになります。

また、塩基性条件のもとでは、麺の色に影響する反応も起こりま

す。アミノ酸の話からは逸れますが、小麦が作り出すファイトケミカル（植物が作り出す化学物質）の一種であるベンズアルデヒドとアセトフェノンという有機化合物が化学反応を起こします。その反応でできたカルコンという物質が黄色いため、塩基性条件では中華麺特有の黄色の発色がみられるというわけです。

話をアミノ酸に戻すと、グルタミン酸やアスパラギン酸は塩基性のアミノ酸（リシン、アルギニン、ヒスチジン）とイオン結合を起こします。小麦グルテンはグルタミンの含有量が多いため、塩基性条件になるとグルタミン酸に多く変換され、塩基性アミノ酸とイオン結合を起こすというわけです。その結果、結合の数が増えて、食感が硬くなります。

小麦粉の脂質も香りの素に

小麦粉にも脂質が含まれています。しかしながら、デンプンやタンパク質に比べると少量（小麦粉中に1・5％から2％）であるため、栄養学的にも食品加工的にもあまり重要ではないと考えられてきました。ところが、おいしさの決め手となる香りという点でカギを握る栄養素であることがわかってきました。

脂質を構成する脂肪酸を調べてみると、小麦粉は植物由来ですので不飽和脂肪酸が多く（第3章参照）、全脂肪酸のうち不飽和脂肪酸は70％を超えます。さらにその主成分はリノール酸とα-リノレン酸です。リノール酸やα-リノレン酸は、小麦粉自身が持っている酵素や空気中の酸素により酸化され、ヘキサナールやヘキセナールといったアルデヒド類を生成します。これらの化学物質は、低濃度では、グリーンな（干し草の）においと表現されるにおいがします。小麦粉独特のにおいといってよいと思います。穀物は一般に、不飽和脂肪酸であるリノール酸とα-リノレン酸を含んでいますので、グリーンなにおいは多くの穀物製品で感じられ、含有量によって、また組成によって蕎麦のにおいとなったり、スパゲッティのにおいとなったりします。

ただ、においの特性で難しいのは、タンパク質の項でも述べましたが、同じ化学物質でも低濃度では好ましいにおいでも、高濃度になると悪臭として感じられるものが多いという点です。たとえば、大豆では不飽和脂肪酸の含有量が、小麦や蕎麦に比べて1桁多く、その結果、酸化生成物であるアルデヒド類も多く発生するため、青臭いと感じることになります。

ここまで、小麦粉の特性について述べてきましたが、小麦は高原の砂漠という非常に厳しい環境で進化した植物であるため、他の穀物にはない特異な性質、すなわち空気中から得た水分を吸収しやすい構造、窒素分を貯蔵タンパク質という形で溜め込む性質のものとなりました。そのため、この節の最初に書いたように、気候条件の厳しい地域も含めた広い範囲で栽培が可能になり、そのタンパク質の性質により、麺類にした時には弾性的性質に富んだものができることになったというわけです。

1-2 蕎麦粉

植物としての蕎麦

日本で古くから食べられていた麺類といえば、うどんと並び日本蕎麦。独自の食文化となっていますが、植物としての蕎麦は海外でも多く栽培され、食されています。ただ、麺という形でないことも多いようです。

蕎麦（ファゴピラム　エスクレンタム：*Fagopyrum esculentum*）は、タデ科ソバ属の一年草です。タデ科の植物には子葉が2枚あります。一般に穀物は、単子葉植物であるイネ科に属していますので、ここが大きな違いです。花の色は白色あるいは淡紅色でとてもきれいなのですが、鶏糞のような強烈な臭いを放ちます。これは、受粉にあたって、ミツバチやアブといった昆虫の力を借りないといけないため、虫たちを呼び寄せるための知恵ではないかと考えられています。蕎麦の花は、雌しべより雄しべの方が長い短花柱花と、雄しべの方が短い長花柱花の2種類あり、自家受粉（同一の花の中での受粉）はできず、短花柱花と長花柱花の間でしか受粉できないため、昆虫の媒介は必須です。

種まきをしてから70日から80日程度で収穫でき、痩せた土地や酸性土壌でも生長し結実することから、日本では救荒食物（飢饉対策の食べ物）として5世紀から栽培されていました。

１９８０年代から２０００年代に植物学者の大西近江（おうみ）博士らがインド、チベット、四川省西部など各地に自生する蕎麦を採集し、遺伝学的な研究を行った結果、中国南部の野生種が祖先であることを突き止めたことから、蕎麦の起源として中国南部説が有力となっています。

蕎麦の実は、角張った形をしていて（図1-11）、断面は三角形状で、胚芽は実の中心部に

図1-11　蕎麦の実

あります（図1-12①）。その周りを胚乳（デンプンが主成分）が取り囲んでおり、殻と胚乳の間に甘皮（あまかわ）と呼ばれる黄緑色の種皮があります。胚乳と胚芽の境界付近を拡大してみると、胚乳部には、大きさが数㎛のデンプン粒子がたくさんみられます（図1-12②）。

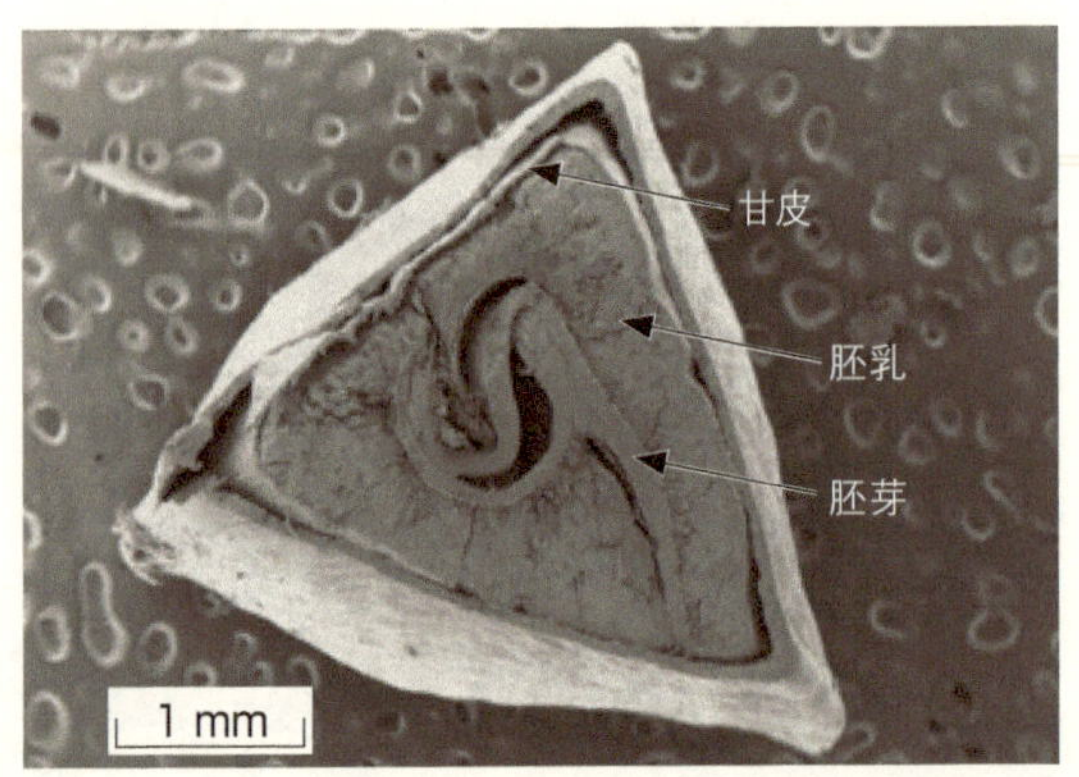

①蕎麦の実の断面（中心部に胚芽がある）

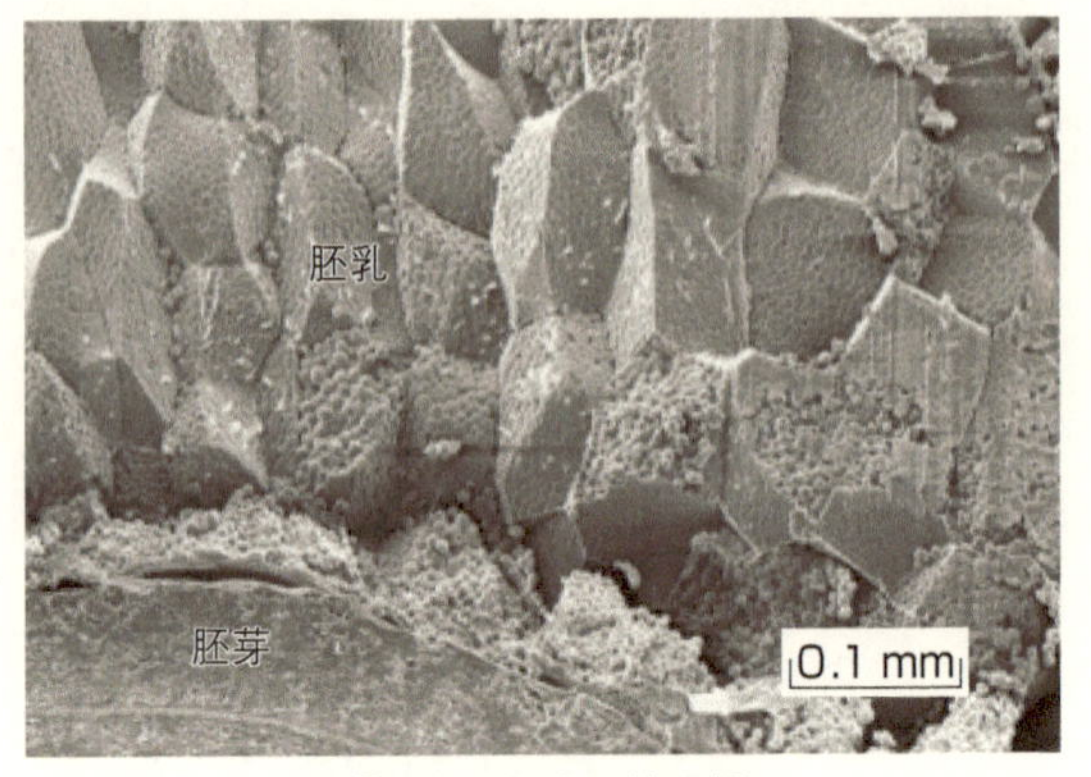

②胚芽と胚乳の境界部

図1-12　蕎麦の実の構造

麺の原料としての蕎麦

蕎麦とは、蕎麦の実を原料とする蕎麦粉を用いて加工した、日本の麺類、および、それを用いた料理です。今日、単に「蕎麦」と呼ぶ場合、通常は蕎麦切り（そばきり）を指します。蕎麦も小麦粉の麺と同じで、昔は蕎麦の実をそのまま煮炊きして食べていたものが、蕎麦の実を挽いて湯で捏ねた蕎麦がきとして食べられるようになりました。現在のような蕎麦切りが食べられるようになったのは16世紀末からであると記録に残っています。もちろん蕎麦がきもおいしいのですが、やはり小麦粉の麺と同様に、細い麺状にして、のど越しやつゆとの絡みを楽しむように進化していったものと思われます。また、中華麺などと区別して日本蕎麦とも呼ばれます。

幸いなことに蕎麦の果皮（殻）は、小麦と異なり食べられますので、殻ごと粉砕した全粒粉もよく使われます。また、殻を取り除いた胚乳部だけの蕎麦粉もあります。さらには、胚乳部も殻に近い方は色が濃く、中心部分に近い方は白色度が高いため、粉砕の仕方によって中心部分のみの白色度の高い蕎麦粉（内層粉）が使われたり、胚乳部全体を全層粉として使用したりします。

殻と胚乳の間の甘皮はタンパク質が豊富に含まれている層です。その呼称のとおり、甘味やうま味があるため、甘皮を含めて挽いた蕎麦粉で製麺したものを甘皮蕎麦と呼んでいます。

蕎麦の実を挽くのに石臼が現在でも使われています。もちろん大量生産にはロール式粉砕機が適していますが、蕎麦は独特のにおいがあり、ロール式粉砕機のように熱が加わる粉砕法ではにおいが揮発しやすいという欠点があるため、石臼が好んで使われます。石臼は花崗岩(かこう)で作られることが多く、金属に比べて比熱容量が大きく、粉砕に伴って発生した熱を花崗岩が吸収してくれるという利点があります。

こうしてにおいを保ったまま製粉した蕎麦粉を水と混ぜて捏ねるわけですが、残念なことに蕎麦のタンパク質は小麦粉と異なり、粘着性や結着性（しっかりくっつく性質）に乏しいため、蕎麦粉のみで蕎麦の生地をつなげることが困難です。そこで通常、蕎麦粉、水に加えて「つなぎ」を用いて生地を作ります。つなぎとしては一般に小麦粉が用いられ、小麦粉に対する蕎麦粉の配合割合によって名称が変わります。小麦粉を20％、蕎麦粉を80％配合した蕎麦は、二八(にはち)蕎麦と呼ばれ、蕎麦の風味を保ちつつ製麺性の良好な麺として、配合の標準とされています。この配合には、蕎麦１００に対して小麦粉20が正しいのだという議論があり、論争が行われているようですが、それは不毛な議論で、使う小麦粉と蕎麦粉の種類によって変わりうる好みの問題であるように思います。

他につなぎとして使用されるものは、鶏卵（卵切り蕎麦）、長芋・山芋、布海苔（へぎそば）、コンニャク粉やオヤマボクチ（キク科の多年草）などがあり、それらを加えることで独特の食感やコシが生まれます。

ちなみに、農業・食品産業技術総合研究機構の堀金彰博士の研究によれば、プレス機を用いて強い圧力をかけることができれば、つなぎなしの蕎麦粉100％でも滑らかな生地が得られるそうです。

蕎麦は、人力による手打ち、製麺機による製造にかかわらず、次の工程により作られます。

1. 「水回し」または「ミキシング」
蕎麦粉とつなぎを混ぜ、粉全体に水が行きわたるように少しずつ加水しながら攪拌し、そぼろ状にした上で、丸い蕎麦玉にします。手打ちの場合は「こね鉢」と呼ばれる木製の鉢を用います。

2. 「木鉢」または「プレス」
蕎麦玉を繰り返し押しつぶすことで練り、粘着性を高めます。

3.「延ばし」または「ロール」

生地が張りつかないよう打ち粉（61ページ参照）を振りかけ、薄く延ばし（圧延といいます）、平たい長方形にします。手打ちの場合は木製の麺台に載せ、「麺棒」と呼ばれる木の棒を用いて圧延します。

4.「切り」または「カット」

圧延した生地を幅1～2㎜程度の線状に切断します。切断した状態を麺線といいます。手打ちの場合はまな板に載せ、何層かに折り畳んだ後、「小間板」（駒板）と呼ばれる定規を当てながら蕎麦切り包丁で切断します。

5.大鍋に大量の湯を張り、沸騰状態でゆで上げます。

バランスがいい、蕎麦タンパク質

小麦粉など穀物のタンパク質のアミノ酸組成は、実はバランスが悪いのが一般的です。そのバランスを測る指標に「アミノ酸スコア」があります。私たちが生きていく上でタンパク質は必須の栄養素です。私たちが摂取したタンパク質は体内で分解されてアミノ酸になります。アミノ酸は腸から吸収されて、体内でタンパク質合成の原料として使われます。タンパク質の原料として使われるアミノ酸は20種類ですが、この中で9種類（ロイシン、イソロイシン、リシン、メチオニン、フェニルアラニン、トレオニン、トリプトファン、バリン、ヒスチジン）は私たちの体の中で作り出すことができないため、必須アミノ酸と呼ばれ、食事で摂取しなければなりません。必須アミノ酸をバランスよく摂取するための指標が「アミノ酸スコア」というわけです。

この必須アミノ酸をどのような割合で摂取する必要があるかは多くの研究でわかっていて、その研究成果に基づいて国際基準が定められています。算出は、ある食品素材に含まれる必須アミノ酸のなかで、この国際基準と比べて最も足りない必須アミノ酸の含有率の、国際基準の値に対する割合を出して求めます。小麦粉のアミノ酸スコアは42点ですが、蕎麦粉では100点となっています。蕎麦粉100g中には10g程度とたっぷりタンパク質が含まれていることからも、量も質もバランスのよいタンパク質源として期待できることがわかります。ここで注意すべきことは、蕎麦を作る時に小麦粉を添加するとアミノ酸スコアは下がることです。

微量栄養素としては、ナトリウムはほとんど含まれていませんが、カリウムは470mgと豊富に含まれているのが特徴です。その他にマグネシウム220mg、鉄4・2mg、ビタミンB_1は

０・３５㎎と1日所要量の3分の1を１００ｇの蕎麦粉から得ることができます。また殻ごと挽いた全粒粉では、食物繊維の量も豊富です。

1-3 米粉

米の種類

東南アジアに行くと至る所で米粉から作られる麺を食べることができます。ベトナムのフォーは日本でもおなじみですが、ほかにもタイのクイティアオ、ミャンマーではナンジーといったように国ごとにさまざまなライスヌードル（米粉麺）があります。

麺の原料であるイネは、イネ科イネ属の植物で、アジアイネ（オリザ　サティヴァ：*Oryza sativa*）とアフリカイネ（オリザ　グラベリマ：*O. glaberrima*）の2種が栽培されています。

アジアの栽培イネの祖先は、1万7000〜1万4000年前に、ヒマラヤ山脈の南部の国境地帯や、中国の南部および南西部に出現し、インドの北東部および東部、東南アジア北部、そして中国南部で一年生型が徐々に形成されていったと考えられています。これらの先祖は、だんだんと広がっていき、多様化し、そしてインディカ（*indica*）、ジャポニカ（*japonica*）、およびジャヴァニカ（*javanica*）の3つの生態地理的亜種を形成していきました。ジャヴァニカは熱帯ジャポニカともいわれています。

アフリカの栽培イネの起源は、約3000年前、ニジェール川の三角州地帯であると考えられています。その後、セネガル、ザンビアやギニアビサウの沿岸部、シエラレオネとコートジボワールの森林地帯に広がっていきました。

国連食糧農業機関（FAO）の2016年のデータによれば、世界で生産されるイネの70％以上はアジア産であり、その内訳は、中国が22・2％、インドが16・7％、インドネシアが8・1％、バングラデシュが5・5％、ベトナムが4・6％、タイが2・7％であり、アジア以外ではアメリカ大陸が2・9％、そしてアフリカが2・7％です。ちなみに日本は約1・6％で、年々減少しています。

前述の栽培2種のほかに、オリザ属には21種もの野生種が含まれています。アジアの栽培植物の祖先であると考えられているオリザ ペレニス（*O. perennis*、現在はオリザ ルフィポゴン：*O. rufipogon*）や、アフリカの栽培植物の祖先であると考えられているオリザ ブレヴィリグラタ（*O. breviligulata*、現在はオリザ バルシー：*O. barthii*）などがあります。

麺の原料として重要なのは、アジア栽培イネです。アジア栽培種という分類はなく、学術的には亜種と位置づけられています。種類によって性質も違います（図1-13）。

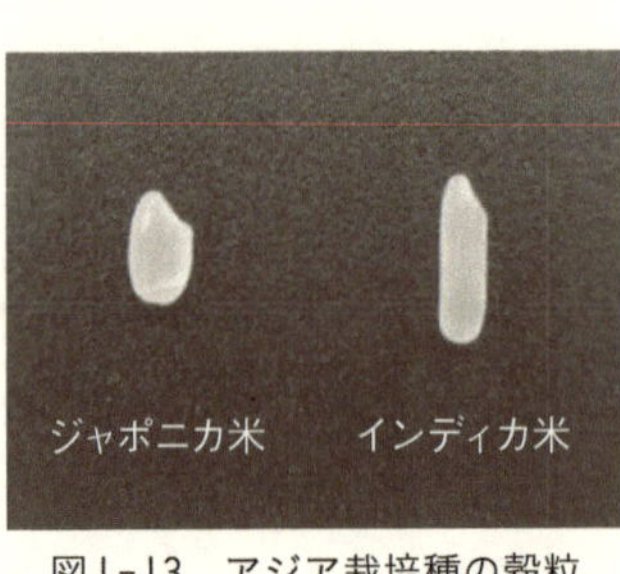

図1-13　アジア栽培種の穀粒

ジャポニカ亜種は、日本、朝鮮半島、中国東北部、欧州の一部、および米国、オーストラリアで栽培されています。他の亜種に比べて丸く、炊飯すると粘りのある食感となります。

インディカ亜種は、中国中南部、タイ、ベトナム、インドネシア、マレーシア、バングラデシュ、フィリピンで栽培されています。穀粒は細長く、炊飯するとパサパサした食感となります。

ジャヴァニカ亜種は、インドネシア、アジアの熱帯地域、中南米で栽培されていますが、ジ

名称	原料	製法・用途
上新粉・上用粉	うるち	穀粒を半湿式粉砕・篩い分けした粉：だんご用
乳児粉	うるち	蒸して乾燥させた後、粉砕：重湯用
白玉粉	もち	水に浸漬後、湿式粉砕：白玉用
道明寺粉	もち	水に浸漬後、蒸し・乾燥後、粗挽きした粉：桜餅用（関西）
微塵粉	もち	蒸して延ばし軽く焼いた後、粉砕：和菓子用
寒梅粉	もち	微塵粉を篩い分けした微粉：和菓子用

表1-3　いろいろな米粉の原料と製法、用途
業種によっていろいろな呼称があり、米粉の名称は統一されていないのが実情です。

ャポニカやインディカに比べると生産量はそれほど多くありません。穀粒の外見はジャポニカに似ていますが、炊飯するとインディカに近いパサパサした食感です。遺伝的には、ジャポニカと同じグループに属することがわかっています。そのため、熱帯ジャポニカと呼ぶことが多くなりました。

白玉粉、道明寺粉……。米粉は多種多様

米は粒食できるので、炊飯して食べるのが一般的ですが、麺にするとなると粉にしなければなりません。わが国では米粉を利用するという文化は十分に醸成されていて、だんご、大福餅、柏餅、落雁、あられ、重湯（おもゆ）などに米粉が利用されています（表1-3）。

小麦粉の節でも述べたように、穀物デンプンは、グルコースが数珠つなぎになったアミロースと、枝分かれ構造をしたアミロペクチンからなっています。アミロースとアミロペクチンの割合によって、食感が異なることが知られています。

私たちが普段食べているご飯は、うるち米と呼ばれるもので、デンプンはアミロースが15〜25％、アミロペクチンが75〜85％の割合で構成されています。一方、もち米のデンプンはアミロペクチンがほぼ１００％です。アミロペクチンは、水とともに加熱すると分子の枝と枝の間に水分子が入り込み、強い粘り気を発生します。餅がよく伸びるのはこの性質によります。だんごはうるち米を粉砕した上新粉から作られ、モチモチとした食感ですが、もち米ほどは伸びません。このようにデンプンのアミロース、アミロペクチンの比率は食感に強い影響を与えます。煎餅はうるち米から作られます。一方、おかきやあられはもち米を原料として作られています。

上新粉は、うるち米を水に浸漬（しんし）させた後、水を切り、半湿式で粉砕した米粉です。篩い分けにより細かい部分を取り出した粉を上用粉と呼び、食感を重視する生菓子などに使われています。

乳児粉は、うるち米を炊いた後、乾燥して粉砕した米粉です。昔は離乳食に用いられていたことから乳児粉と呼ばれています。

もち米から作られる米粉はバリエーションが多彩です。

水に浸漬した後、水と一緒に粉砕した米粉を白玉粉と呼びます。加水して捏ねた後、だんご状にしてゆでるとモチモチした食感の白玉ができます。

水に浸漬した後、蒸して乾燥させ、粗挽きした粉を道明寺粉と呼びます。道明寺粉は主として桜餅（関西）に使われています。大阪府藤井寺市にある道明寺で保存食として作られたことにちなんで道明寺粉と呼ばれるようになりました。

もち米を蒸して薄く延ばした後、焼き色がつかない程度に軽く焼いて、粉砕した米粉を微塵粉と呼び、和菓子の材料に使われます。

寒梅粉は、微塵粉を篩い分けした米粉です。打物や押物と呼ばれる干菓子に使われています。

米粉の麺への利用

米はわが国の主食であり、かつ自給率が実質１００％であるため、食糧自給率の向上に貢献していますが、近年消費が減少し続けています。農林水産省の調査では、1962年に国民1人当たりの精米基準の年間消費量は118・3kgであったものが、2013年には、56・9kgと半分以下に減少してしまいました。これはわが国の食糧自給率にとっても好ましい状況ではないため、農林水産省は、米の消費量を回復させるアクションとして米粉の活用を推進しています。従来の菓子類だけでは消費量増加が見込めないため、パンや麺への活用をねらっています。

ところが従来の上新粉をパンや麺に使ってみると、いろいろな課題があることがわかってきました。まず、従来の上新粉製造に使われるロール式粉砕機で粉砕する方法では、粒子径が細かくならず、パンでは膨らみにくく、麺では食感が悪くなってしまいます。ロール式粉砕機というのは、一対のロールを内向きに回転させ、ロールとロールの間に米粒を供給して粉砕する方法です（図1-14①）。米粉の場合、だいたい60㎛から150㎛くらいの米粉が得られます。ほかにもいくつか粉砕方式がありますが、どれを使っても製パン特性、製麺特性を改善しようとして、強い粉砕を行うと、粒子径は小さくなるものの、デンプン粒子が傷つき、製パン時には膨らみが足りなくなり、製麺時には麺がべとついたり、ゆで溶け（デンプンが溶け出すこと）が著しくなったりします。

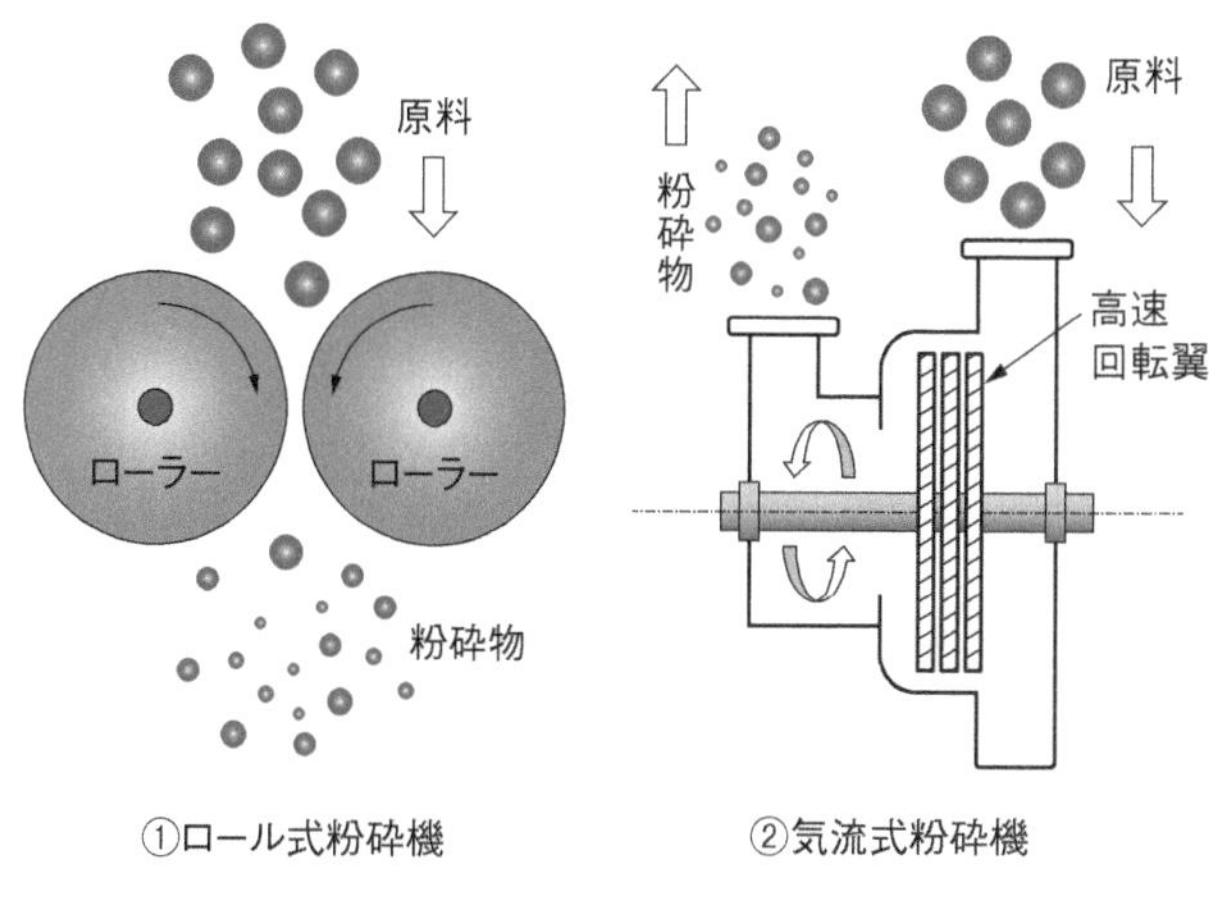

図1-14　米粉の粉砕に用いられる粉砕機

そこで新たな粉砕方式が採用されるようになりました。その代表例が、気流式粉砕と呼ばれるものです（図1-14②）。投入された米原料は、高速で回転する羽根（高速回転翼）により発生する強力な旋回気流に乗り高速で旋回します。このとき原料同士が衝突して微細化されます。気流式粉砕機は、粒子径を小さくするということとデンプン損傷を軽減するという2つの役割を両立した粉砕機です。

近年の研究では、パンや麺に使用する米粉は粒子径よりもデンプン損傷の方が重要な要因であるというのが共通の認識となっています。現在、粒子径が細かくなり、かつデンプン損傷の少なくなるような新しいタイプの粉砕機が続々と開発されています。今後、米粉麺であるビーフンは、今食べているビーフンとは一線を画す、高品質な新しいタイプの米粉麺になると期待されます。

1-4 片栗粉

片栗粉は片栗じゃない!?

片栗粉というと片栗という植物を使っていると思う方がいるかもしれません。確かに昔は片栗の根茎デンプンを使っていましたが、現在は大量生産ができるジャガイモの地下の茎部分（塊茎）のデンプンを100%使っています。では、片栗が使われることはないのか、というとそうではなく、わらび粉や葛粉などに混合されることが増えてきました。

ジャガイモという植物は南米アンデス山脈の高地に起源を持ち、スペイン人がヨーロッパに持ち帰って以降、世界に広がっていきました。ご存じのようにジャガイモの新芽には、ソラニンという毒物が含まれ、食べると嘔吐や神経麻痺を起こします。ヨーロッパに持ち帰る途中で食べた船員が中毒になったりしたため、「悪魔の芋」と呼ばれました。ソラニンはジャガイモが作るアルカロイドで、新芽だけでなく茎や葉にも含まれているため、茎や葉も食べられません。アルカロイドというのは植物が作る毒物で自身の身を守るための物質です。

生のジャガイモには、100gあたり約15gのデンプンが含まれており、これを抽出して乾燥させたものが片栗粉となります。

春雨や冷麺に

ジャガイモのデンプンは植物のデンプンの中では特異的に大きな粒子です（図1-15）。粒子のなかには100㎛を超える大きな粒子がみられます。ジャガイモデンプンは、水中で加熱していくと比較的低い温度で糊化します。図1-16は、ジャガイモデンプンを水に懸濁させ、水の温度を変えた時の、デンプン粒子の形態変化を示しています。20℃、40℃ではデンプン粒子は図1-16に見られる楕円体の形状を保っています。60℃になると、楕円体の粒子とともに

図1-15　ジャガイモデンプンの電子顕微鏡写真

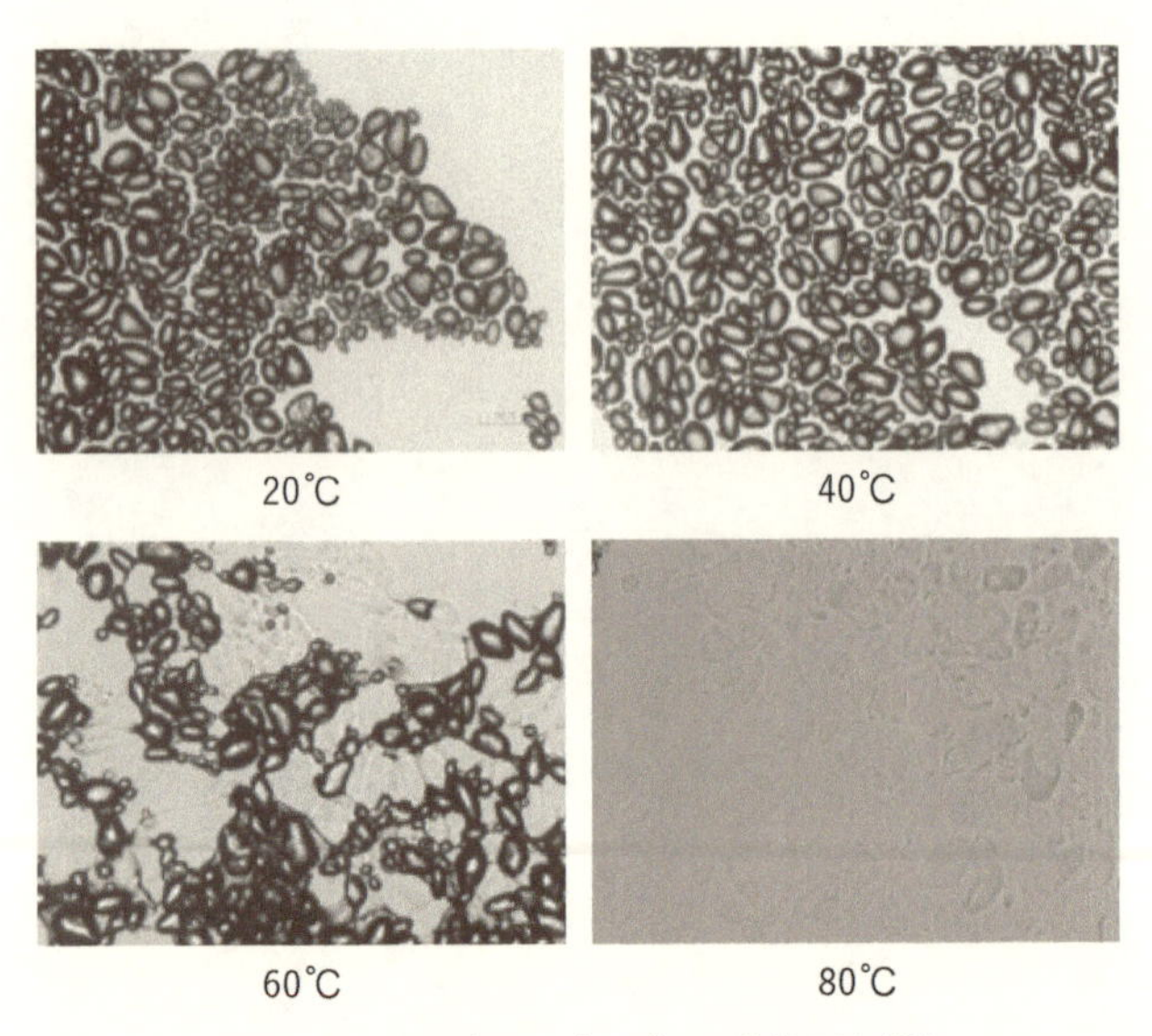

図1-16　ジャガイモデンプンの熱処理と糊化

糊状になった半透明な部分がみられるようになります。80℃になると視野全体が半透明化しており、完全に糊化していることがわかります。糊化したジャガイモデンプンは、大きく膨潤し、粘り気が強く、保水力が大きく、糊のように透明度が高いという特徴があります。

このような特性のジャガイモデンプンは、水飴・ブドウ糖、中華料理などのとろみ、あんかけ料理、即席麺、カマボコ・チクワなどの水産練製品といった食品に幅広く使われています。また、粒子のサイズが大きいため、打ち粉として使われることもあります。打ち粉というのは、麺同士の粘着を防止するため麺の表面に付着させる穀粉のことです。

麺としては即席麺のほか、春雨、冷麺などの原料として使われています。春雨は、デンプン（ジャガイモだけでなく、緑豆やサツマイモのデンプンが使われることもあります）に湯を加えて、糊化させながらよく練り、直径1㎜程度の穴から熱湯中に押し出して成形し、それを冷凍したものを天日乾燥させて作ります。冷麺は蕎麦粉や小麦粉にジャガイモデンプンを混ぜ、よく捏ねて生地を作り、それを麺の太さに応じた直径を持つ穴から高い圧力で押し出すことにより製麺します。押し出しは数十気圧という高圧で行われるため、デンプンは糊化します。

春雨も冷麺も、ジャガイモデンプンを用いた場合には、その特性のため、半透明で、非常に歯ごたえのある食感となります。

1-5 タピオカ

カッサバとシアン化合物

タピオカがなぜ麺の本に出てくるのか、疑問に思った方もいるでしょう。タピオカといえば、たびたびタピオカ入りデザートやタピオカドリンクで話題になるので、そのイメージが強いと思いますが、麺にも多く使われているのです。

タピオカとはカッサバ（*Manihot esculenta*）の根茎から得られるデンプンのことで、別名マンディオカ（ブラジル、パラグアイ、アルゼンチン）、ユカ（上記以外のスペイン語圏）、あるいはマニオク（アフリカのフランス語圏）があり、熱帯における最も重要な根菜です。カッサバの起源やどのように進化してきたかについてはまだよくわかっていませんが、標高の低い熱帯アメリカが原産であることはおおむね受け入れられています。

カッサバは、15世紀にヨーロッパからの植民地開拓者が到着したころには、すでに南北アメリカおよびカリブ海沿岸一帯に広く分布していました。カッサバがアフリカに初めて伝わったのは16世紀、アジアにはその後になります。

１９６０年代の終わりまで、アフリカおよび南アメリカがカッサバの主要な生産地でした。しかし、その後アジアの占める割合が急激に伸び、現在ではアフリカと肩を並べ、世界総生産の約40％を生産するまでに至っています。南アメリカにおける作物の生産性はこの20年間でわずかながら減少し、現在では年間約12ｔ（トン）／ha（ヘクタール）と推定されています。アジアでは常に増加を続けており、現在は年間約13ｔ／haと推定されています。アフリカは停滞を続け年間約７ｔ／haとなっています。改良された遺伝子型の作物を適切な農業環境で植えて行う一般的な穀物の大規模商業生産では、40ｔ／haの生産性があることと比較すると、これらの収量はかなり低いといえます。

とはいえ、カッサバの世界生産量は２０１７年現在、約２億９０００万ｔで人類の重要な食糧資源といえるでしょう。カッサバは小規模の生産圃場(ほじょう)に植えられ、さらには、利用可能な水および土壌栄養が欠乏している土地でも高収量をあげられるため、生産を伸ばしやすい作物です。カッサバそのものを食べるという習慣は減っているものの、それ以上に動物飼料およびデンプン生産としての新しい利用法が近年急激に増えています。

人の食料としては、昔からサツマイモに似た、根の部分をゆでて食べるというのが標準的な調理法で、これは今日でも世界の多くの地域で同じです。カッサバには、大きく分けて苦味種と甘味種があります。

苦味種は、熱帯アメリカの全域に広く分布し、表皮にシアン化合物（青酸配糖体）のリナマリンとロトストラリンを多く含むため、処理をした後にのみ消費することが可能です。リナマリンおよびロトストラリンは、カッサバの根の細胞が破壊された際に放出される酵素リナマラーゼと接触すると、毒物であるシアン化水素酸（青酸）に変換されます。そのため古くから、何らかの処理を施すことが試みられてきました。水溶性である青酸配糖体を、水に溶かして除く、カッサバの細胞内酵素で分解する、微生物が持つ酵素で分解する、加熱により半分以下にするといった方法、つまり、ゆでる、すりおろす、水にさらす、乾燥させる、あるいは発酵させるなど、いくつかの処理を施すことによって、通常、シアン化物濃度は問題ないレベルまで少なくなります。

一方、甘味種は、シアン化物濃度が十分に低いため、処理せずゆでる程度でそのまま食べられます。

カッサバがシアン化物を含むのは、害虫や哺乳動物から身を守るためではないかと考えられています。私たちにとってシアン化物は厄介ですが、一方、病害虫に強く、哺乳動物からも身を守れる能力は、大規模の商業生産に適していると考えることができます。したがって、現状では小規模の生産圃場で栽培されていますが、今後世界の食糧事情によっては大規模農業に発展していくかもしれません。

麺類のモチモチ感に重宝！

カッサバの根茎から得られるデンプンであるタピオカの粒子径は2〜40㎛で幅広い粒子径分布を持っています（図1-17）。形状は球形の一部分を切り落としたような釣り鐘形をしているのが特徴です。アミロース含量は15％で、比較的アミロペクチンが多い組成となっています。

加熱時の糊化温度は低く、加熱により容易に吸水膨潤し、80℃以下で完全に糊化します。糊液の透明度が高く、粘り気も強いといえます。以上のような特性のため、食品全般に増粘剤

（粘り気を与える）として使われています。麺にタピオカを加えると、麺の透明度が上がり、モチモチ感の強い麺ができます。糊化したタピオカをパンコーターと呼ばれる回転鍋で加水しながら造粒して球状にしたタピオカパール（図1－18）が、デザートやドリンク類、スープの浮き実として利用されているものです。

　また、粒子のサイズが大きいタピオカは、打ち粉として使われることもあります（61ページ参照）。

図1-17　タピオカの電子顕微鏡写真

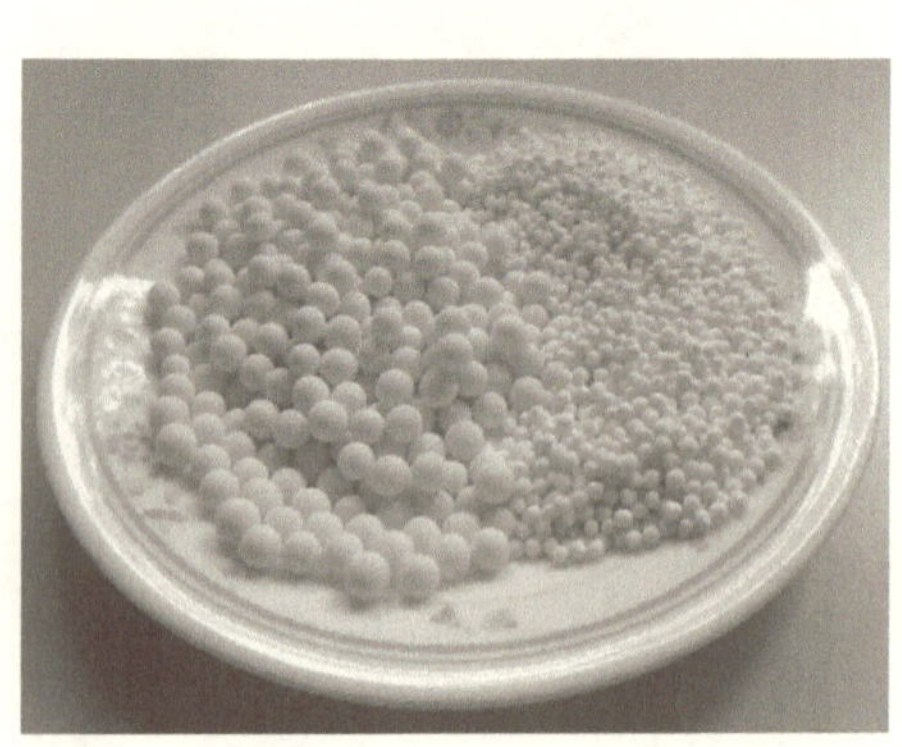

図1-18　タピオカパール

第2章

こんなにある！おいしい麺いろいろ

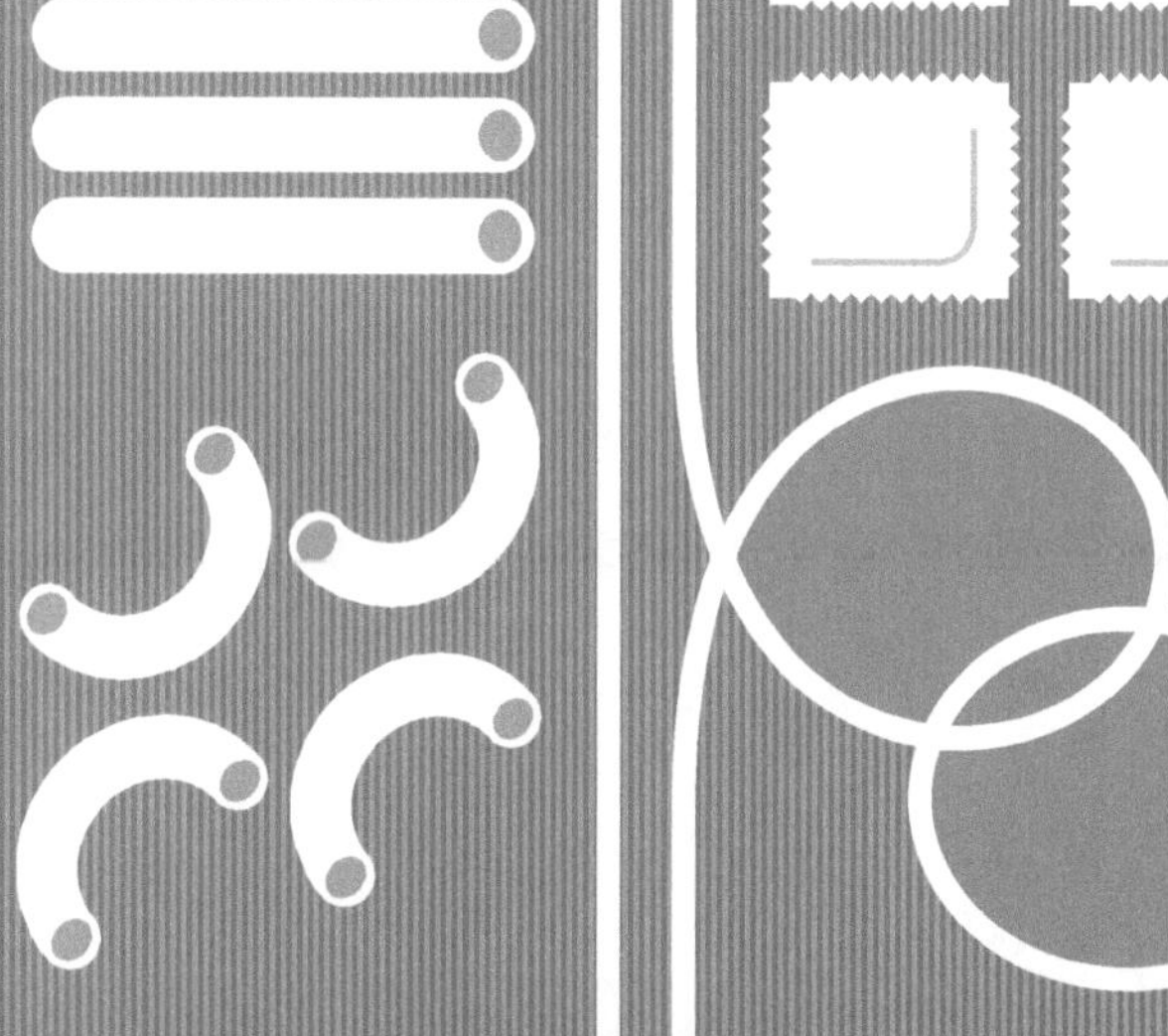

第1章で麺の原料である穀物の粉について述べてきました。もともと穀粒をそのまま粥状にして食べていましたが、おいしさを追求するうちに、粉砕して、原料によっては皮部を取り除き、湯餅やすいとんといった塊状で食べるようになり、さらに、塊が麺に進化したというわけです。現在では世界各地に小麦粉、米粉、そのほかのデンプンを主原料、副原料にした多種多様な麺があり、日本でもさまざまな麺を食べることができます。ここでは、その代表的なものについてご紹介します。

2-1 素麺と冷や麦の違いとは?

夏の風物詩ともいえる素麺や冷や麦は、多くは乾麺の形で流通しており、いろいろな種類の麺があります。素麺も冷や麦も、さらにはうどんも、小麦粉、食塩、水を主原料とした麺です。乾麺は、消費者庁の「乾めん類品質表示基準」によれば、太さによって、名称が決まります。素麺は、長径1・3㎜未満、冷や麦は、長径1・3㎜以上1・7㎜未満、うどんは長径

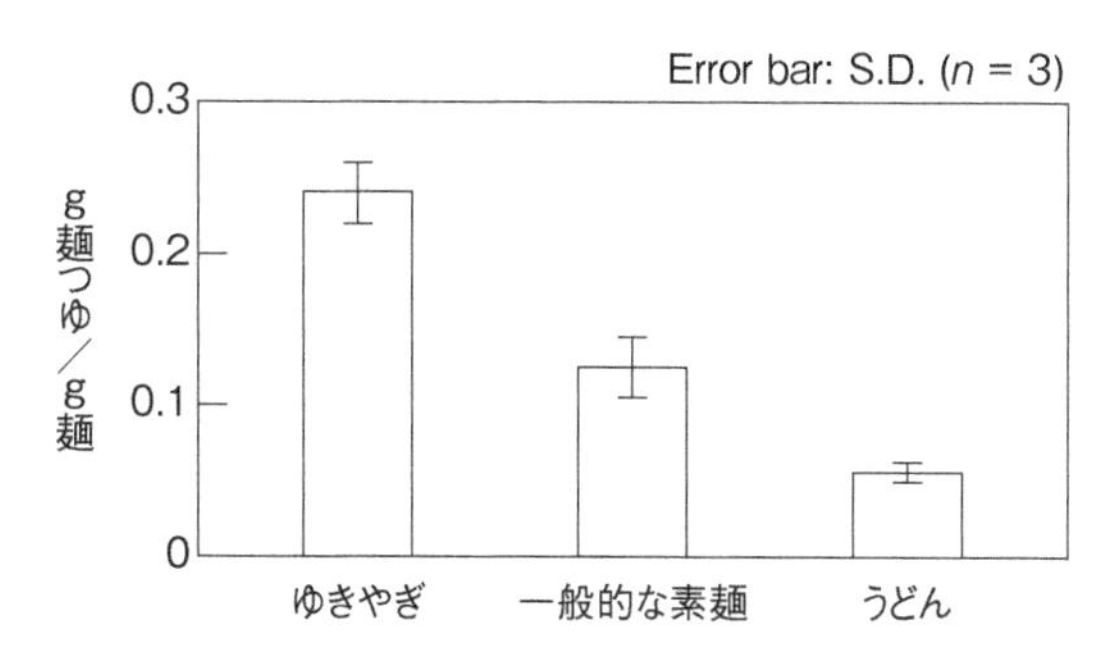

図2-1　麺1gあたりに絡む麺つゆのg数
Error bar:S.D. (n = 3)は「エラーバー：標準偏差、サンプル数n = 3」の意味（以下同様）。

1・7㎜以上、きしめんは、幅4・5㎜以上、厚さ2・0㎜未満と定義されています。

素麺の定義は長径1・3㎜未満となっていますが、実際に流通している製品は0・9㎜程度のものが多く、さらに細いものでは、熊本県の「ゆきやぎ」が0・4㎜、奈良県の「白龍」が0・6㎜、同じく奈良県の「白髪」が0・3㎜と、いずれも芸術品のような細さです。これくらい細いと麺つゆの絡みがよく、また食べる時に、束で噛むような独特な食感も特徴です。

麺つゆの絡みは麺の表面積に比例します。図2-1は、一般的な直径0・9㎜の素麺、ゆきやぎ（0・4㎜）およびうどん（1・7㎜）を麺つゆにつけた時の麺1gあたりに絡む麺つゆの質量を比較したグラフです。ゆきやぎは一般的な素麺よりも2倍の麺つゆと絡

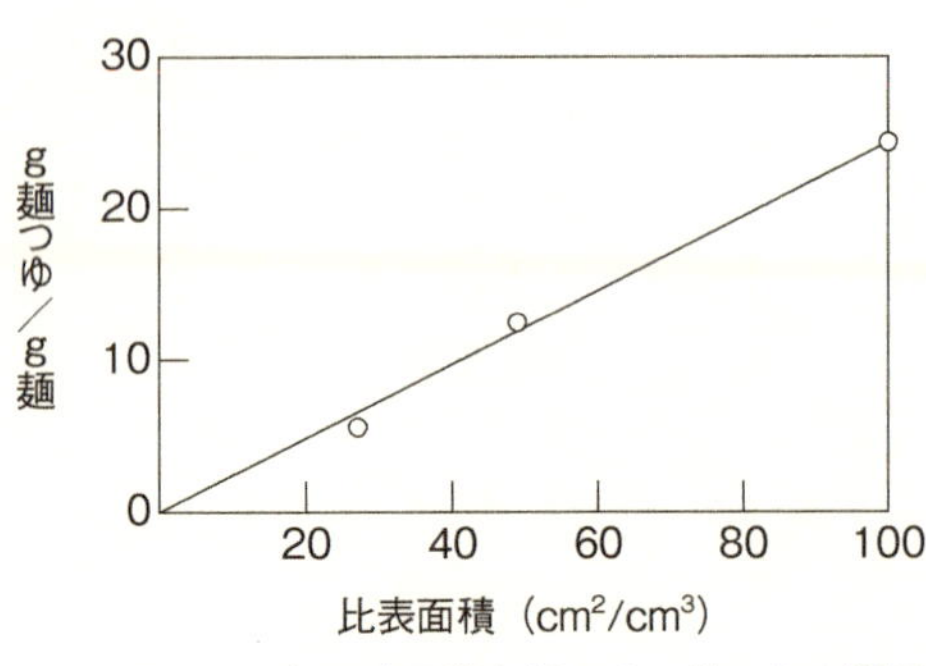

図2-2　麺の表面積と麺つゆの絡みとの関係

むことがわかります。図2-2は、麺の太さから計算した比表面積（麺線の単位体積あたりの表面積）と麺つゆの絡みを比較したグラフを示します。ほぼ直線関係が成り立っていることから、麺の太さは麺つゆの絡みに強い影響を与えることがわかります。

素麺、冷や麦は、包丁で切り出さない手延べ製法の場合、小麦粉に食塩、水を加えて練り合わせた後、食用植物油またはデンプンを塗布して順次引き延ばして丸棒状または帯状の麺とし、乾燥して製品とします。途中で、適宜、熟成といって生地を休ませる工程が入り、引き延ばす際に、撚り（よ）をかける工程が入ることもあります。

小麦グルテンが高分子化するのは構成しているアミノ酸同士の化学反応によること、化学反応は、温度、空間、時間の3要素によってコントロールすることができることを、第1章で説明しました。よく練ることによって、グルテニン、グリアジンの活性基（システイン、チロシンなど）が遭遇する確率が増え、空間効果によって結合していきます。また生地をしばらく放置する（寝かせる）ことで時間効果により反応が進行します。これが「熟成」工程の化学反応的な意味です。グルテンは網目のような構造をしているため、さらに撚りをかけることにより、強度の高い構造ができていきます。

素麺も冷や麦も麺がとても細いので、製造途中で互いにくっついてしまうことが課題です。その解決策として、麺の表面に植物油を塗る方法と、打ち粉といって、麺の表面に小麦粉や片栗粉（ジャガイモデンプン）を付着させる方法があります。素麺や冷や麦は植物油を塗ることが多いようです。

麺の表面に植物油を塗ることで乾麺になるまで麺同士がくっつくのを防ぐことができますが、この植物油を塗ることによって、副次的な効果が現れます。植物油を塗布した乾麺は保管中に、小麦粉の中にある酵素の働きによって、植物油の不飽和脂肪酸が分解され、アルデヒドが生成します。このことは第1章の小麦の脂質のところで述べましたが、たとえば、リノール酸から複数の酵素の働きによって、ヘキサナールというアルデヒドが生成します。ヘキサナールはグルテンのアミノ基と結合し、グルテンの構造が補強される形となり、結果として歯ごたえが強くなります。

酵素反応ですから、反応には水分が必要で、そのため梅雨時にこれらの化学反応が起きやすいといえます。このように保管に伴い、脂肪酸が分解してグルテン構造が補強される現象を「厄(やく)」と呼びます。また、素麺では、冬場に製造して2年間保管したものを「古物(ひねもの)」と呼んで、付加価値をつけて販売しています。さらにもう1年保管したものを「大古物(おおひねもの)」と呼んで珍重しています。ただ、植物油は不飽和脂肪酸が多いため、品質劣化も起こりうるので、使用する植物油の品質や保管方法に留意しなければなりません。なお、当然のことですが、麺線の付着防止策として植物油塗布ではなく打ち粉を使用した場合、厄はみられません。

以上乾麺について述べてきましたが、素麺には半生麺とでもいうべきものがあります。愛知県安城市の和泉(いずみ)そうめんは、通常素麺が冬場に作られるのに対して、夏場に作られています。乾燥に三河湾の潮風を使い、完全には乾燥させない半生の状態で出荷されます。そのため、保管・流通の間、熟成が進行し、独特な食感の素麺になります。この場合の熟成は、グルテンのクロスリンク（36ページ参照）形成反応の時間効果を意味します。半生ですから賞味期間は短くせいぜい数ヵ月といったところです。

2-2 各地のうどんときしめん

図2-3　きしめん

前節で述べたように、小麦粉、食塩、水を主原料とした麺のうち、長径1・7㎜以上のものはうどん、幅4・5㎜以上、厚さ2・0㎜未満の平たいものはきしめんと定義されています。

きしめん（図2－3）は愛知県が知られていますが、各地にあり、群馬県の「ひもかわ」や岡山県の「しのうどん」が挙げられます。

うどんは、定義が長径1・7㎜以上と大ざっぱな分類であるため、各地には実にさまざまなうどんがあり、一つの文化を形成しています。ここでは、日本各地のうどんをご紹介します。

（1）五島うどん（長崎県）

五島うどんまたは五島手延うどんは、長崎県五島列島で生産されているうどんです。製麺所は中通島の新上五島町に集まっています。長崎県を代表するうどんであるとともに、讃岐うどん・稲庭うどんと並び、日本三大うどんの一つとされています。

直径2㎜ほどの細麺ですが、強い歯ごたえを持っています。これはその製造工程に秘密があり、製麺時に熟成と手作業による撚りかけ作業がグルテン構造を強靭にしていることによります。図2-4に、巻き取った麺生地をさらに撚りをかけながら細く延ばしていく作業の様子を示します。延ばされた麺線に撚りがかけられている様子がよくわかります。麺が細いので、麺同士が付着しやすく、それを避けるために椿油を含む植物油を塗りながら手延べの作業が行われます。植物油を塗っているため、素麺と同じく戹が期待できます。撚りをかけることの重要性は糸づくりと似ています。蚕からとれる生糸を考えてみますと、繭からほぐし出した糸はとても細く、そのままでは糸としては使えません。何本かを束にしないといけないのですが、糸の束に軽く撚りをかけると、丈夫な一本の生糸として使えるようになります。うどんでも同様のことがいえます。

五島手延うどんで一番好まれているのは、地獄炊き（図2-5）という釜あげの食べ方です。麺をすくい上げて、五島列島近海で漁獲されるトビウオを焼いたアゴだしのつゆで食べます。アゴだしの上品なうま味と五島うどんの強い歯ごたえが楽しめる料理です。

五島うどんの起源にはいろいろな説がありますが、遣隋使や遣唐使が中国の麺を持ち帰ったという説は説得力があります。なぜならば、遣隋使や遣唐使は東シナ海を渡って行き来しまし

図2-4　五島うどんの製麺作業

図2-5　五島うどんの食べ方
―地獄炊き―

たが、帰路は五島列島に寄港したことは間違いないからです。第1章でラーメンの語源ともなった中央アジアのラグマンについて触れましたが、そのラグマンは麺線を手延べしながら油を塗布して作ります。その技術が中国経由で伝わったものではないでしょうか。

(2) 稲庭(いなにわ)うどん(秋田県)

稲庭うどんは、秋田県南部の手延べ製法による干しうどんです。日本三大うどんの一つに数えられています。冷や麦より太く、やや黄色味がかった色をしています。

製法は、麺線を細くしていく過程で、ひねりを入れながら、2本の棒に8の字にかけていきます。その製法ではグルテンが強化され強い歯ごたえを生み出します。打ち粉としてジャガイモデンプンを使う点や、平べったい形状が特徴です。ひねりながら延ばすという独特の製法により、麺は空気を抱き込み気泡がたくさんみられます(図2-6)。

稲庭うどん発祥については諸説ありますが、『稲庭古今事蹟誌』によると、稲庭うどんの起源は江戸時代に遡ると伝えられています。稲庭(現在の秋田県湯沢市稲庭町)で作られ始め、稲庭吉左エ門によってその技術が受け継がれ、製法が確立したのは寛文五年(1665年)といわれています。稲庭うどんは秋田藩の佐竹藩主の寵愛を受けたため門外不出、一子相伝の技

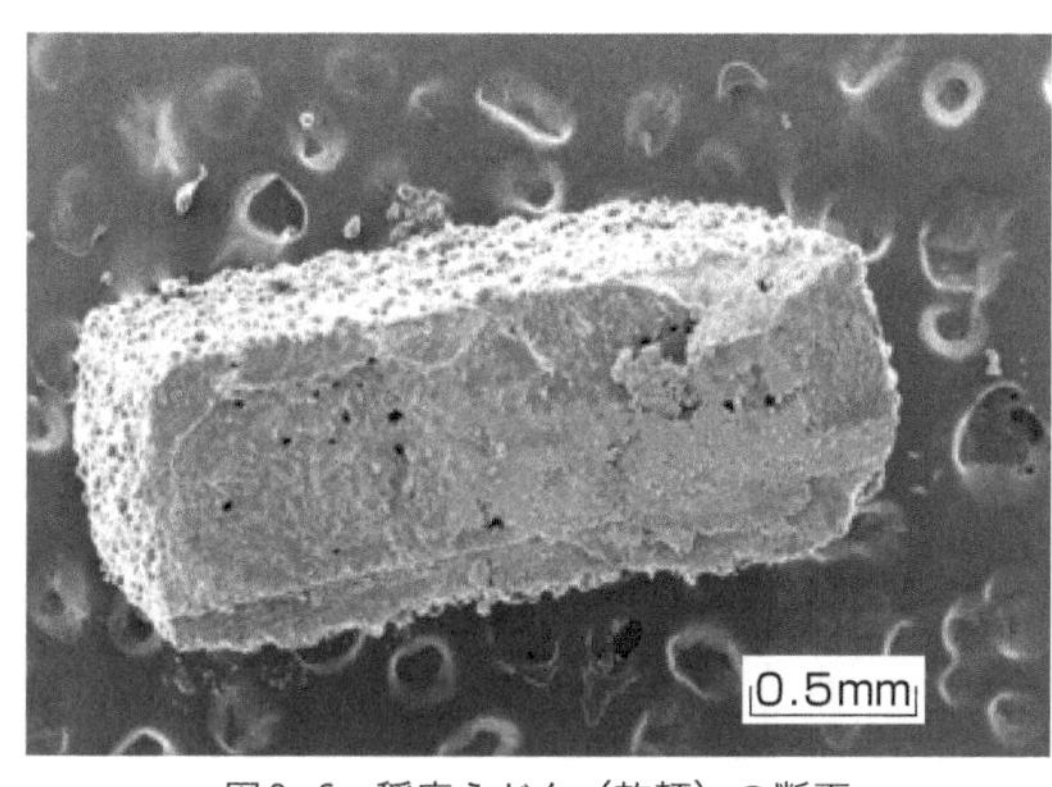

図2-6　稲庭うどん（乾麺）の断面

能となりました。しかし、親から子へ、子から孫へという一子相伝の技が絶えることを心配した吉左エ門によって、二代目佐藤養助（吉左エ門の四男）に伝授され、万延元年（1860年）、佐藤養助商店の創業につながります。さらに佐藤養助商店は、稲庭うどんの技術を1972年に公開することによって現在の稲庭うどんの位置づけの基盤を構築しました。稲庭うどんの現在の隆盛は、このような先達の未来を見据えた英断によるものといって差し支えないと思います。

五島うどんも稲庭うどんも太さは同じくらいですが、表面を電子顕微鏡で観察してみるとまったく異なります（図2-7）。両うどんとも麺の太さはほぼ同じですが、表面の性状がまったく異なります。五島うどんの表面には、小麦デンプンがみえますが、稲庭うどんでは、大きなデンプン粒子が付着していることが

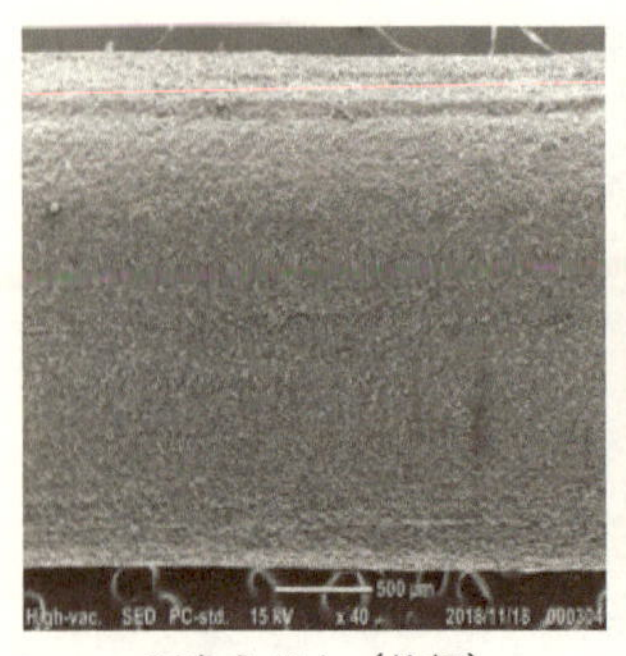

五島うどん（乾麺）

稲庭うどん（乾麺）

図2-7　乾麺の電子顕微鏡写真

わかります。これは打ち粉として使われているジャガイモデンプンです。

（3）讃岐うどん（香川県）

讃岐うどんがうどんの代表である、というのは異論の出ないところだと思います。日本三大うどんといっても実は諸説あるのですが、讃岐うどんは必ず入っています。香川県は瀬戸内式気候の温暖な地で、近世以降、二毛作の裏作として小麦栽培が行われていたため、うどん文化の土壌は確実にありました。しかしながら讃岐うどんがブームになるのは、１９８０年代以降のことです。

ブームになると地元産の小麦では賄うことができず、豪州産の小麦（ＡＳＷ）を使うようになりました。ＡＳＷは皮部と胚乳部の分離が良好なため表皮の成分が少ない小麦粉となり白っぽく、カロテノイド（主として黄色の色素成分ルテイン）含有量が比較的多いため、美しいクリーム色をしているのが特徴です。さらに食感は適度な弾力性と歯ごたえがあり、比較的タンパク質含有量が高いため、取り扱いが容易（加水量の許容度が大きいことや、麺にした時の切れにくさなど）です。しかも、複数品種をブレンドして品質の変動が極力少なくなるようにしていますので、利点が多く、讃岐うどんの主要原料となりました。

しかし昔ながらの、野性的な風味に対するうどん通や製麺所の強い要望もありました。そこで2000年に「さぬきの夢2000」という讃岐うどん専用小麦が開発されました。「さぬきの夢2000」を挽いた小麦粉は国産小麦特有の風味があり、うどん通に熱狂的に受け入れられました。ただ生産量が少なく、「さぬきの夢2000」と謳（うた）いながら実はASWを使っていたという笑えない事件も起こっています。しかしこの一件は、実は筆者がうどんの風味に学術的な関心を持つきっかけともなりました。

小麦粉は吸湿性があるため、麺やパンを作る時、その時の小麦粉の温度、気温、湿度に応じて加水量を調整する必要があります。通常の料理のように粉何gに水何gと決められないところに、製麺・製パンはまだアートの部分があります。筆者も以前、「さぬきの夢2000」を挽いた小麦粉で麺を打ったことがありますが、加水量の許容度が低く、苦労しました。その点ＡＳＷは多少加水量が変動しても失敗することはありません。この加水の許容量の差異は、主としてタンパク質の含有量の違いに起因しています。「さぬきの夢２０００」は、粗タンパク質量（窒素分析から換算したタンパク質含有率）が７・５％程度ですが、ＡＳＷは９％前後です。少ない方が水の加減が難しく、この差が加水量の許容度の差異につながっています。

現在後継品種の「さぬきの夢２００９」が使われていますが、生産量は香川県のうどん用小麦粉の数％程度ですので、讃岐うどんの主流はＡＳＷで、「さぬきの夢」はやはり地粉（じごな）という位置づけで特定の製麺所で使われていくものと思われます。

（４）伊勢うどん（三重県）

伊勢うどんは、三重県伊勢市を中心に食べられています。かけうどん（素うどん）のように多量のつゆに浸ったものとは異なります。たまり醤油に鰹節やいりこ、昆布等のだしを加えた、黒く濃厚なつゆ（というよりはタレに近い）を、太い麺に絡めて食べます（図２-８）。直径１cmはある太い麺は１時間ほどかけて軟らかくゆであげられており、具やトッピングが少なく、薬味の刻みネギだけで食べることが多いのが特徴です。うどんは歯ごたえやコシだと思っているると裏切られますが、そもそもうどんの原形はすいとんのような塊状のものを軟らかくゆでていたのですから、伊勢うどんはうどんの原形に近いと考えることもできます。

伊勢うどんは、ゆで続けているため、すぐに提供できること、また、汁がないため早く食べ終わることから、伊勢神宮の参拝客のためのファストフードとして生まれたのではないかとみることもできます。

図2-8　伊勢うどん

伊勢地方で栽培される小麦は「農林61号」が主流でしたが、近年「あやひかり」が伊勢うどんに向いていることがわかり、2003年より奨励品種として採用されています。というのは、第1章で解説したように小麦デンプンにはアミロースとアミロペクチンの2種類があり、その割合でモチモチ感が違ってきます。その割合が標準的な「農林61号」に比べて、「あやひかり」はアミロペクチンの比率が高い低アミロース系統なので、ソフトな食感とともに独特なモチモチ感を楽しむことができるというわけです。

図2-9　博多うどん

（5）博多うどん（福岡県）

博多うどんは、伊勢うどんと同じくソフトな食感の麺です。九州産のうどん用小麦は、比較的タンパク質含有量が少なく、結果としてソフトな食感のうどんになっています。つゆは薄口醤油ベースで透明度が高いのが特徴です（図2-9）。このつゆは、煮干し、サバ節、鰹節、アゴ（トビウオ）、昆布などを使ってだしをとっています。

（6）北関東のうどん

埼玉県、群馬県、栃木県、および茨城県では、1960年代から「農林61号」が国産小麦の主力品種として栽培されており、地粉といえばこの品種です。現在でも作付面積は最も多く、なんと60年近くも最前線で活躍してきたのです。「農林61号」は、ASWに比べると皮部が脆く製粉時に微粉化して小麦粉に混入するため、小麦粉の色が少しくすんでいます。また、皮部の微粉が混入することによって独特の風味が与えられています。うどん通の方々にいわせると地粉特有の強い風味が特徴です。この独特の風味というのは、筆者らの研究により、皮部ないし皮部直下の酵素活性によって小麦粉中の脂質を構成する不飽和脂肪酸が分解され生成する、アルデヒド類に起因する風味であることがわかっています。

群馬県では、水沢うどん、桐生うどん、館林うどんなど地粉使用を謳ったご当地うどんが食べられています。水沢うどんは、群馬県渋川市伊香保町水沢地区で食べられているうどんです。水澤寺（水澤観世音）付近で参拝客向けに提供されたことが始まりとされています。

埼玉県でも、加須うどん、熊谷うどんなど地粉を使って、手捏ね、足踏みと、寝かせを通常よりも多く行っているため、歯ごたえや弾力性の強い食感になるのが特徴です。

近年「農林61号」が品種世代交代の時期に来ており、農林水産省の研究者らによって新しい品種が続々と開発されています。埼玉県では、後継品種として、「さとのそら」「あやひかり」、栃木県では「イワイノダイチ」、群馬県では「きぬの波」「さとのそら」「つるぴかり」などの作付けが開始されています。これらの新品種は、「農林61号」の欠点である皮部の微粉化による小麦粉への混入が少ないため、麺の色のくすみが少なく、つるっとした滑らかな食感があります。今後、「農林61号」に代わる生産品種となっていくでしょう。

2-3 世界の広い地域で楽しめる中華麺

小麦粉を原料とする麺、次は中華麺についてです。中華麺といえば、もはや日本独特の文化になり、おいしくする技術も研究・開発され、行列のできる有名店も数多くありますね。ここでは、中華麺として、ラーメンに加えて焼きそば、アジアの各地で食べられている麺、そして即席麺について解説します。

(1) ラーメン

明の時代の中国で鹹湖の水を使って麺を打ったところ、食感の強い麺ができることがわかり、麺の発祥につながったということを第1章で書きました。中国のラーメンは拉麺と書き、「拉」はつかんで引き伸ばすといった意味です。その字からも、包丁で切る麺ではなく、引っ張って細い麺線を作るのがラーメンだといえます。また、小麦粉としては粗タンパク質量が11

%以上の準強力粉から強力粉が使われます。つまり、ラーメンは、比較的タンパク質の多い小麦粉を使って、塩基性の条件でグルテンを硬くし、手延べでグルテン組織構造を強化した麺ということができます。

中華麺は、わが国には江戸時代の後期に伝わったとされています。しかしながらわが国で現在のようなラーメン文化が芽生えるのは明治時代になってからです。その後日本独自の進化を遂げたラーメンが各地で花開いていることは、ここで説明するまでもありません。

さて、鹹湖に話を戻すと、鹹湖とは塩水の湖のことですが、塩化ナトリウムや硫酸ナトリウムの水溶液で麺を打っても中華麺のようには歯ごたえが強くなりません。炭酸ナトリウムや炭酸カリウムの水溶液でしたら、歯ごたえは強くなり、中華麺特有のにおいがして、麺の色も黄色になります。つまり中華麺の起源となった鹹湖は単なる塩水湖ではなく、炭酸ナトリウムなどの特殊な成分を含んだ湖だったと推測されます。

現在では食感の改善のために添加するかん水は食品衛生法で厳格に決められていて、炭酸カリウム、炭酸ナトリウム、炭酸水素ナトリウムおよびリン酸類のカリウムまたはナトリウム塩のうち1種以上を含むものとされています。また、化学合成品に限るとされています。これは昔、天然の粗悪なかん水が横行していたことへの対策であると考えられます。

第1章の小麦タンパク質の項の繰り返しになりますが、かん水を使った、塩基性の条件のもとで、硬さが増し、独特の香りと色が出る仕組みについて再度解説します。

小麦粉に対して、1％程度のかん水を添加して生地を作ると、生地が塩基性になります。小麦タンパク質のアミノ酸組成ではグルタミンが30％以上含まれています。このグルタミンは2つのアミノ基のうち1つを塩基性条件下でアンモニアとして放出し、グルタミン酸になります（図1−10参照）。これにより塩基性のアミノ酸（リシン、アルギニン、ヒスチジン）とイオン結合を起こし、分子間の結合の手が増えることによって、グルテンが硬くなります。

また、発生したアンモニアにより中華麺特有のにおいが発生します。第1章の小麦粉の節で述べたように、塩基性条件下でファイトケミカルであるベンズアルデヒドとアセトフェノンが結合してカルコンという物質ができます。カルコンは黄色い色をしているため、麺の色は黄色になります。

現在、北は北海道から南は九州まで各地にご当地ラーメンがありますが、麺はほぼ製麺機を使って製造されています。製麺機というのは、2本のロールを互いに内向きに回転させ、その間に加水して捏ねた麺帯を投入します。麺帯は何度かロールを通して整えた後、切り刃を使って麺線にします。切り刃は、いろいろなサイズのものがあり、一般に30㎜の幅で何本の麺がとれるかを表す切り刃番手で表されます。ラーメンには12番手（麺幅2・5㎜）から28番手（麺幅1・07㎜）までが使われます。

(2) 焼きそば

蒸した（あるいはゆでた）中華麺を、豚肉等の肉類、キャベツ、ニンジン、タマネギ、モヤシ等の野菜類といった具とともに炒めて作られます。蒸すことによって得られる麺中心部分のモッチリ感と鉄板で焼くことによる表面のカリカリ感の対比を楽しむ麺ということができます。

富士宮市では昔から焼きそばが好んで食べられていたそうですが、地域おこしの一環として「富士宮やきそば」の活動が始まったそうです。まず地元の製麺会社が専用の麺を製造し、富士宮やきそばの独自性を出しています。製麺会社が提供しているその麺は低加水の麺で、そのままでは歯ごたえが強すぎるので、調理時に蒸し調理の工程を取り入れて独特な食感の麺にしています。さらに富士宮やきそば学会という団体を作り、富士宮やきそばのブランディングを推進しています。まさに地域グルメの典型的な成功事例といってよいでしょう。

その富士宮やきそば学会のサイトには作り方が記載されています。まず、分厚い鉄板を十分に加熱し、油（ラードが多いそうです）を引きます。次に主要具材であるキャベツと油かす（肉かすともいう、ラードを作るときに後に残ったものを油で揚げたもの。家庭料理用に売っている富士宮やきそばセットには入っていることが多いようです）をよく炒めます。炒めたキャベツと油かすは隅に置いて、空いたところに麺をほぐして置きます。その上に湯を少量注ぎます。鉄板が熱いため、水は直ちに蒸発して水蒸気となります。この状態で麺の上に先ほどのキャベツと油かすをのせます。この時キャベツの層は蒸し器の役割を果たし、蒸し調理状態になり、速やかに麺に水蒸気が浸透していきます。水気がなくなったら混ぜ、麺の表面をよく炒めて、さらにその上からソースをかけ、よく絡めます。この後ネギをたっぷり入れて最後にさらに炒めてでき上がりです。紅ショウガを添え、だし粉をかけていただきます。

この作り方のポイントは、まず分厚い鉄板です。熱量を多く保つため、水蒸気を急速に発生させやすいといえます。続いて、加える水です。加える量は麺1玉につき、40ccとのことです。この量は、調理終了時にはすべて水蒸気になっていることが重要で、キャベツにも多量の水が含まれているので、加える量は年間で変わるそうです。また、速やかに蒸発するように、熱湯が望ましいといえます。最後の重要なポイントは、キャベツと麺を別々に調理し、麺の上にキャベツの層を作り、蒸し器の機能を発現させることです。この3条件により、富士宮やきそばは独自の食感を持った料理となります。

（3）アジアの中華麺

アジアには多彩な麺料理があります。ほんの一部ですが、簡単に紹介します。

ジャージャー麺（炸醤麺）は中国北部（北京市近辺）発祥の麺料理です。中華麺を用いるのは日本のみで、中国では平たく太い無かん水麺が用いられます。

台湾では、台南市発祥の担仔麺（タンツー）が食べられています。中細のストレート麺を用い、肉味噌と香菜を上にのせて食べます。

バミーはタイで食べられている中華麺です。スープ入りをバミー・ナーム、スープなしをバミー・ヘーンと呼んでいます。そのスープは鶏ガラでとった薄味のだしなので、ナンプラー（魚醤）、砂糖、唐辛子、唐辛子を漬けた酢などを調味料として自分で味をつけて食べます。

なお、ハワイでもサイミンと呼ばれるほぼ中華麺といえる麺がよく食べられています。おそらく、日本あるいは中国からの移民によってハワイに持ち込まれたものと思われます。

（4）即席麺

中華麺の最後に、1958年に初めて発売された日清食品のチキンラーメンがその走りであり、日本独自の進化を遂げた即席麺について少し解説します。日清食品の瞬間油熱乾燥法を含むインスタントラーメンの基本的な製法は、1962年に「即席ラーメンの製造法」として特許登録されています（後に公開しています）。実はそれまでにも即席麺として商品化されたものはありましたが、それらは天日乾燥品であり、従来の乾麺との違いが曖昧なため、やはりチキンラーメンが即席麺のさきがけといってよいと思います。現在では、熱風乾燥機（約80℃）により麺を乾燥させたノンフライ麺が現れ、食感が生麺に近いということで新たな即席麺ブームが起こっています。

2-4 バリエーション豊富なパスタ

小麦を主に原料とする麺、最後はパスタです。パスタは練り物といったような意味で、イタリアでは広い意味での麺に相当する言葉です。第1章の小麦粉のところで触れたように、デュラム小麦を用いるのが一般的で、通常の小麦粉よりも粗挽きした粉を原料として使います。デュラム小麦でも普通小麦でも、通常より粗挽きした粉をセモリナと呼んでいます。乾燥スパゲッティを購入すると、デュラム小麦のセモリナ使用というように書かれています。

イタリアでは古代ローマの時代にすでにパスタが食べられていました。つまりパスタには2000年余りの歴史があるわけです。これだけの歴史があるのですから、食感や合わせるソースとの関係でさまざまな形状、太さのパスタがここでは紹介しきれないほど存在し、それぞれに名前がつけられています。

ショートパスタ

まずは、ショートパスタについてご紹介します。

(1) マカロニ

代表的なショートパスタで、日本農林規格では、マカロニ類の定義として、「2・5㎜以上の太さの管状又はその他の形状（棒状又は帯状のものを除く）に成形したもの」と記載されています。これは、マカロニというよりはショートパスタ全体の定義と考えてよいでしょう。実際には、直径3〜5㎜程度の円筒状ショートパスタをマカロニと呼んでいます。パスタはパスタ単独で食べるのではなく、ソースを絡めて食べるのが一般的ですので、ソースとよく絡む形状として、以下にご紹介するようなさまざまな形状のショートパスタが製造されています（図2-10）。

(2) カサレッチ

カサレッチというのはイタリア語で「家庭的」という意味です。シチリア島でよく使われるショートパスタです。平麺をねじって、断面がS字形になっているのが特徴です。

(3) リガトーニ

イタリア語で「すじ」という意味のrigaがその名前の由来で、表面に筋の入った直径8〜15㎜前後の筒状のショートパスタです。特徴である表面の筋は、ソースの絡みをよくするために入っています。ミートソースと絡めて食べるのが一般的です。マカロニよりも穴径が大きい

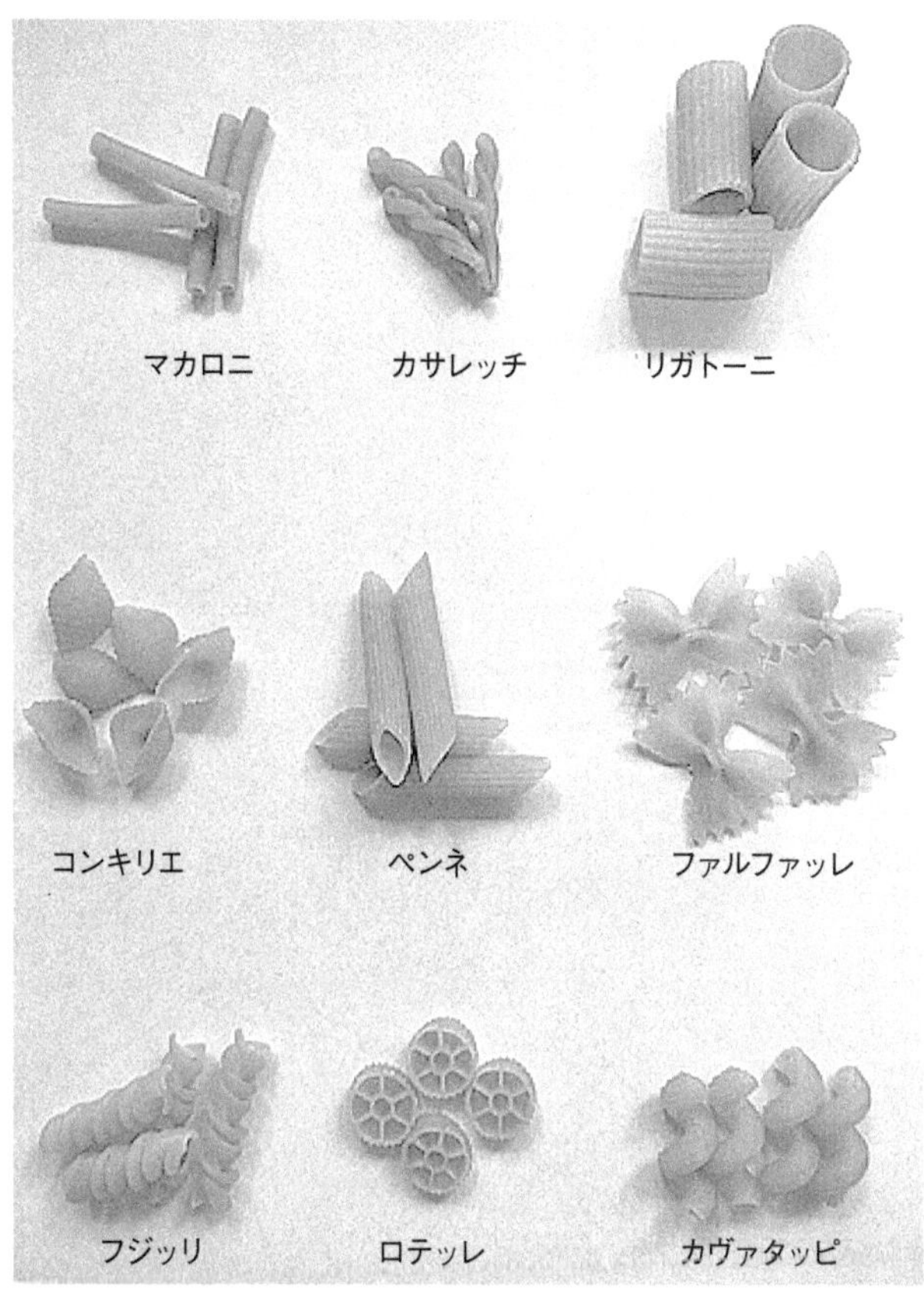

図2-10　ショートパスタあれこれ

ため、たっぷりのソースと一緒に食べることができるという特徴を持っています。

（4）コンキリエ

コンキリエというのはイタリア語で「貝殻」を意味します。文字どおり貝の形状をしています。ソースと絡めると貝殻の中にソースが入り込む形となり、パスタとソースの一体感が生まれます。また、その形状から弾力性のある食感を楽しむことができます。

（5）ペンネ

ペン先のような形状のショートパスタです。両端が斜めに切断されているため、内部にソースが入りやすくなっています。ソースの絡みをより向上させるため、表面に筋をいれたペンネをペンネリガーテと呼びます。リガーテというのはイタリア語で「縞のある」という意味です。このショートパスタを使ったパスタ料理の代表はペンネ・アラビアータです。トウガラシをきかせたトマトソースを和えたピリ辛の料理です。

（6）ファルファッレ

ファルファッレというのは蝶々のことで、文字どおり蝶々あるいは蝶ネクタイのような形状をしています。このような複雑な形状をしているため、ソースとの絡みはよく、さらに、実際に食べてみるとわかりますが、中心の結び目に相当する部分は、モッチリと歯ごたえのある食感で、羽根の部分は滑らかでさっくりとした2種類の食感を楽しむことができます。

(7) フジッリ

フジッリというのはイタリア語で「糸巻き」を意味します。フスィリ、フィスリ、エリーケとも呼ばれます。外側にらせん形の深い溝があり、ソースがたくさん付着しますので、パスタとソースを絡めやすいということができます。ホウレンソウで緑色に、ビートレッド（テーブルビートという植物からとれる色素）でピンク色に染めたものがあります。

(8) ロテッレ（ルオーテ）

小さなホイールという意味のこのショートパスタはホイール間にソースがよく絡みます。同じような発音のロティーニと間違えやすいのですが、ロティーニは平麺をコークスクリューのようにねじった形状ですので、まったく異なるショートパスタです。なお、ロティーニは形状

名称	太さ	特徴
スパゲッティ	1.8〜2mm	日本人には少し太い
スパゲッティーニ	1.6〜1.8mm	一般的なパスタ
フェデリーニ	1.4〜1.6mm	バリラが有名
ヴェルミチェッリ	1.2mm	冷製用、ヴァーミセリ
カペッリーニ	1mm前後	スープ用（火の通りがよい）
カペッリダンジェロ	約0.8mm	天使の髪の毛という意味

表2-1　丸麺の太さと名称

的にフジッリと間違えやすいので、ほんとうにややこしいです。

（9）カヴァタッピ

カヴァタッピというのはイタリア語で「栓抜き」を意味します。筋の入った筒状のショートパスタをらせん状にねじった形をしています。筒状であること、筋が入っていること、ねじっていること、とソースの絡みがよくなる3要素が入っているショートパスタです。

ロングパスタ

続いてロングパスタです。

実にさまざまな太さの麺が食べられており、その各々に細かく名前がつけられています。わが国では、表2-1でいうスパ

名称	サイズ	特徴
リングイネ	短径1mm／長径3mm楕円	ソースの絡み良好
タリアテッレ	幅5～10mm	フェットゥチーネ
ラザーニェ	板状	ラザニア

表2-2　平麺の断面形状と名称

ゲッティーニという麺がよく食べられており、これをスパゲッティと呼んでいます。イタリアの人は、どちらかというと歯ごたえのある麺を好む傾向があるため、太い麺が好まれます。ただ、太いとソースとの絡みが悪くなるため、平麺タイプのリングイネがよく食べられています（表2-2）。日本でいう「きしめん」に相当するタリアテッレも好まれます。板状のラザーニェ（ラザニア）になるともうロングパスタとは呼べません。

イタリア人は、歯ごたえのある麺を好むといいましたが、細い麺もあり、1・2㎜の太さのヴェルミチェッリは冷製パスタとして日本でもよく見かけます。ただこのヴェルミチェッリという名称は、小さな長い虫といった意味であまり食欲をそそりません。イタリアにはさらに細い1㎜以下の麺がありカペッリーニと呼ばれています。これは髪の毛を表すカペッリに愛称を表すイーニをつけたもので、さしずめ「可愛い髪の毛ちゃん」とでもいう名前です。イタリア人のしゃれっ気を感じる名称です。この細いスパゲッティにはカペッリダンジェロという名称があり、これは天使の髪の毛という意味です。これもイタリア人らしい素敵な名称です。ただ、このカペッリダンジェロはイタリアのパスタメーカーのディチェコ社ではカペッリーニよりも細い製品を指すので少し注意が必要です。ディチェコ社のカペッリダンジェロは広東料理の燕の巣のような塊状で製品化されているので正確な太さは不明ですが、日本の素麺よりも細い0・8㎜程度です。

青銅、フッ素樹脂の型で押し出すパスタ製造法

今日、マカロニに代表されるショートパスタ、スパゲッティに代表されるロングパスタとも製造法はおおむね共通で、①原料小麦粉の調整・計量、②水を加える（製品によっては卵、野菜も添加）、③混練（こんれん）、④穴の開いた金型（ダイスと呼ばれます）を使って押出・成形、⑤切断、⑥熟成・乾燥、⑦計量・包装、⑧出荷、という流れになります。

原料は基本的にデュラム小麦を用います。これに水を加えてよく練ります。生地ができた後、図2-11に示すような穴の開いた金型から数十気圧という高い圧力で押し出して、スパゲッティのようなロングパスタからマカロニのようなショートパスタ類までを作り出します。ダ

イスは、元々は青銅を削り出したものでしたが、青銅は摩擦係数が大きいため、押し出した麺の表面が荒れること、押し出すのに時間がかかることで、現在は穴の部分をフッ素樹脂製にして、摩擦係数を低減し、麺の表面を滑らかにするとともに生産性の向上を図っています。こう書くと、もはや青銅製のダイスは時代遅れではないかと思われるかもしれませんが、スパゲッティの表面が荒れているのは決して悪いことではなく、ソースとの絡みがよくなるという利点を持っているため、現在でもメーカーによっては青銅製のダイスをあえて使っています。

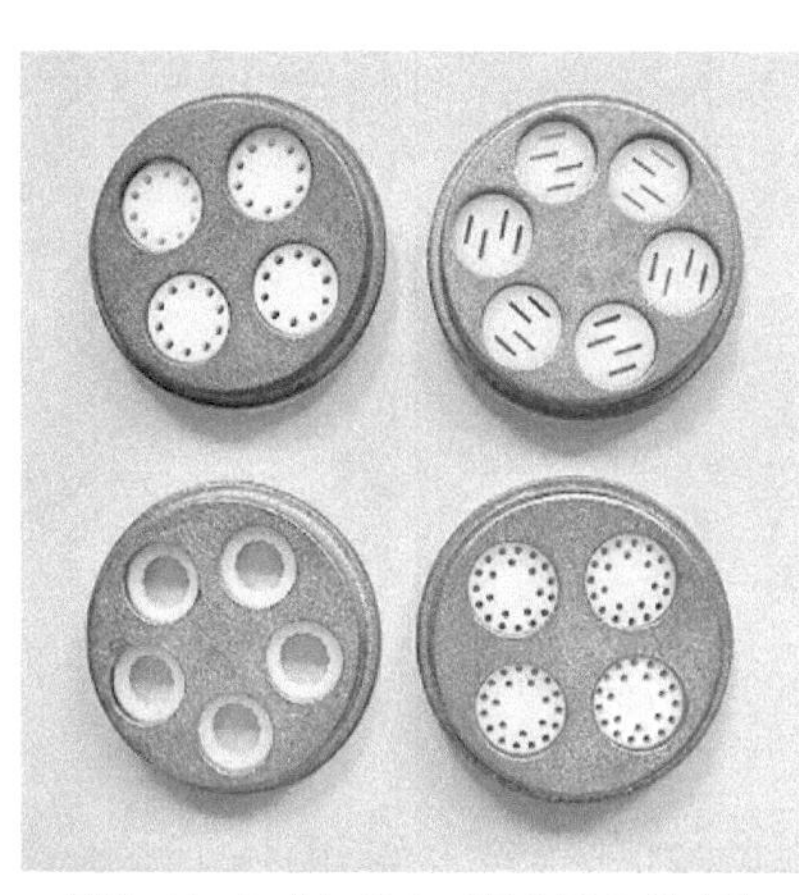

図2-11　いろいろなパスタ用のダイス

図2-12は、ロングパスタを押し出しているところです。押し出されたパスタは適当な長さに切断されて、乾燥室に入れられ、数十℃という高温の熱風で乾燥し、乾麺に仕上げます。何℃の熱風を使うかはパスタの品質を決める上で重要で、50～60℃といった比較的低温で乾燥させるとデュラム小麦粉本来の風味を生かした麺になるのに対し

図2-12　ロングパスタの押出・成形

て、70～80℃といった高温で乾燥させるとメイラード反応が起こり、香ばしいにおいを付与することができます。メイラード反応のメカニズムはかなり複雑なので、ここでは詳しい説明は省略しますが、糖とタンパク質などが結合して、おいしさのもとになる香気成分などを発する反応のことです。

パスタ料理

ショートパスタからロングパスタまで、形状も太さも断面も多種多様のパスタがあることを紹介しました。これはイタリア人がパスタ料理を楽しんでいる証ともいえます。さらに、この多種多様なパスタを使った、いろいろな名称のパスタ料理があります。パスタの種類も、ソースの種類も、もちろんここでそのすべてを紹介することはできませんが、以下、代表的なパスタ料理に絞ってご紹介いたします。

加える食材	名称	意味
トウガラシ	アラビアータ	怒りの
魚介類	ペスカトーレ	漁師の
アサリ	ボンゴレ・ロッソ	赤い二枚貝
ひき肉、セロリ、ニンジン	ボロネーゼ	ミートソース、ボローニャ風
パンチェッタなど	アマトリチャーナ	アマトリーチェ風
アンチョビ、ケッパー、黒オリーブ	プッタネスカ	娼婦風の
オレガノ	マリナーラ	船乗りの

表2-3　サルサ・ディ・ポモドーロからできるパスタソース

(1) トマトベースのソース

イタリアのパスタ料理のソースの基本はトマトベースです。トマトはイタリア語でポモドーロといい、トマトソースはサルサ・ディ・ポモドーロと呼ばれます。作り方は、まずオリーブオイルに、スライスしたニンニクを入れて少しキツネ色がつくまで加熱します。その後、フレッシュトマトあるいはトマトの水煮を入れて、ゆっくりと加熱し、パスタソースにふさわしい粘り気を出していきます。途中で塩、コショウと、トマトと相性のよいバジルの葉を入れるのをお忘れなく。

こうしてできたサルサ・ディ・ポモドーロをベースとしてさまざまなパスタ料理ができます。表2-3に代表的なものをまとめました。ペンネに最適なアラビアータはトウガラシを入れて辛く仕上げるので「怒りの」という名前がつく意味はなんとなくわかります。ボロネーゼは、ボローニャが発祥の地とされているためつけられた名前で、ひき肉が特徴のソースです。アマトリチャーナはイタリア中央部の街、アマトリーチェが名前の由来です。塩漬けの豚肉を使うのが特徴です。プッタネスカの「娼婦風の」という名前の由来には諸説あり不明です。バリエーションはいくつかあるものの、アンチョビ、ケッパー、黒オリーブを加えて風味付けをしているのが特徴です。マリナーラは、サルサ・ディ・ポモドーロにオレガノというほろ苦い清涼感を持つ香辛料を振りかけて作ります。マリナーラは「船乗りの」という意味なので、魚介類が入っていると思われるかもしれませんが、実際はシンプルなソースで、かつてナポリの船乗りが好んで食べていたことにちなんでいます。

(2) トマトソース以外の人気のパスタ

トマトソース以外のソースも数多くあります。アーリオ・オーリオ・ペペロンチーノは、サルサ・ディ・ポモドーロからトマトを抜いたものにトウガラシを加えたもの、といったイメージです。ペペロンチーノはトウガラシを意味します。比較的細めの麺、フェデリーニがよく合います。ボンゴレ・ビアンコは、アサリの白ワイン蒸しを使ったパスタです。ボンゴレ・ロッソからトマトを抜いたソースといった感じです。ビアンコは「白い」という意味です。それに対して表2-3にあるボンゴレ・ロッソのロッソは「赤い」という意味で、アサリのトマトソースのパスタです。

カルボナーラも日本で人気のあるソースです。ベーコン、卵、チーズで和えたパスタに、コショウを振りかけたものです。

(3) 日本流パスタ

パスタ料理はグローバル化し、日本独自のパスタ料理もたくさん現れました。その代表格は、ナポリタンです。ナポリタンと名前がつけられていますが、純粋に日本発祥のパスタ料理です。発祥当時の本格的な作り方では、ゆでたスパゲッティを一晩冷蔵庫で寝かせます。そうすることにより内部の水分勾配（外側は水分量が多く内側は少ないという、水分量のばらつき）がなくなります。一晩寝かせて内部にも水分がたっぷりある状態の麺を炒めると、表面の水分は飛び、仕上がりは外はパリッと中はモッチリとした食感の麺になります。ソースは熱したオリーブ油で炒めたベーコン、タマネギ、ピーマンなどの具材にトマトケチャップを加えてさらに炒めて作ります。アルデンテの食感と対極にあるこのパスタ料理は、日本で大人気のパスタです。その他、タラコスパゲッティなど、さまざまな和風パスタがあり、なかなかの人気です。

2-5 さまざまな風味で奥深い日本蕎麦

小麦粉から作られている麺の次は、蕎麦粉で作られている麺です。まずは、なんといっても日本蕎麦です。素麺、冷や麦、およびうどんは太さで定義されていることは述べましたが、日本蕎麦は太さによる定義はありません。日本蕎麦の定義は蕎麦粉を使っていることです。第1章の蕎麦粉のところでも述べましたが、つなぎとして小麦粉を混ぜているものも多く、その割合によって、また蕎麦の実の挽き方によって、さまざまな種類があります。

(1) 十割蕎麦(生粉打ちそば)

「とわりそば」「とかちそば」と読む地域や店もあります。湯を加えて蕎麦粉のデンプンの糊化を促進し、生地のまとまりをよくします。別途蕎麦粉を糊化させたものをつなぎとして使用する場合もあります。その他、プレス機で生地を捏ねる方法、微細製粉により手打ち十割蕎麦を作る方法、押し出し麺により製造する方法、粗挽き蕎麦粉の水練りにより製造する熟練の手打ち製法などいろいろな十割蕎麦の製法があります。十割蕎麦は小麦粉を「つなぎ」に使った、次に紹介する二八蕎麦よりも切れやすくなります。江戸時代には今のようにゆでる蕎麦ではなく、蒸籠（せいろ）にのせて蒸し、そのまま客に供する形の蕎麦が主流でした。現在もメニューに名を連ねている「せいろそば」はその名残です。

(2) 二八蕎麦（内二八蕎麦）

蕎麦粉8：小麦粉2で打った蕎麦というと簡単ですが、蕎麦粉10：小麦粉2という配合もあるのでややこしいです。区別するため、後者を外二八蕎麦と呼ぶこともあります。小麦粉を添加するのは、十割蕎麦では生地のつながりが悪く製麺に苦労するため、グルテンを持つ小麦粉を2割程度添加することで生地の形成を容易にすることが目的です。蕎麦の風味は弱くなりますが、生地の形成が容易なため、のど越しのよい麺ができるという利点もあります。

（3）更科蕎麦

蕎麦の実を挽くと中心から挽かれて出てくることから、後から出てくる粉に比べて、最初に出てくる一番粉が白く上品なにおいを持っています。一番粉を使用した蕎麦が「更科蕎麦」です。東京などでよく食べられています。粘りがないので、小麦粉などのつなぎをうまく使うのがポイントです。

（4）田舎蕎麦

蕎麦殻を挽き込んだ、黒っぽい蕎麦粉により製造された蕎麦です。蕎麦のにおいが強く、あまりつゆをつけずに食べるのが基本です。いわゆる全粒粉であるため、食物繊維が多く、血糖値の上がりにくい食品ですが、食物繊維が多いゆえに生地の形成が難しく、つなぎとして山芋などが使われます。

（5）藪系の蕎麦

抜き実の挽きぐるみ、つまり緑色の甘皮部分を挽き込んだ鶯色の蕎麦。種皮の緑色が鮮やかな「藪」系の蕎麦はそのにおいが強く、甘みを感じます。

また、乾麺の表示に関する決まり事として、蕎麦粉が30％以上使用されていないものでも「そば」と表示できますが、その使用割合を表示しなければなりません。それでも蕎麦粉が多いほど蕎麦の風味を感じることができますので、せめて乾麺を購入する時は裏面の品質表示をみて、蕎麦粉が1番目に記載されていることを確認した方がよいでしょう。原材料表示は割合の多い順に書くことが決められています。

2-6 冷麺は蕎麦粉から

蕎麦粉で作られている麺に、冷麺があります。冷麺は朝鮮半島由来の冷たい麺料理です。蕎麦粉を主原料とし、つなぎとしてデンプンや小麦粉を入れて練り、穴の開いたシリンダー状の容器で麺状に押し出してそのまま熱湯に落としてゆで、ゆであがった麺をすぐに冷水で冷やして作られます。

2-7 アジア各地のライスヌードル

図2-13　盛岡冷麺

平壌(ピョンヤン)冷麺は蕎麦粉と緑豆粉が用いられ、太くて黒っぽく、噛み切りやすいのが特徴です。咸興(ハムン)冷麺はジャガイモやトウモロコシなどのデンプンが用いられ、細くて白っぽく、噛み切りにくい弾力性のある麺です。麺は製麺機から押し出したままの長い状態で盛られ、本来は切らずにそのまま食べるのがよいとされていますが、現在の韓国では、調理用ばさみで食べやすい長さに切って提供されます。日本にも朝鮮半島から伝えられて日本風にアレンジされ、各地で食べられています。代表的なものに、岩手県盛岡市の盛岡冷麺（図2-13）と大分県別府市の別府冷麺が挙げられます。

図2-14　ビーフン（乾麺）

次に米粉を使った麺の紹介です。

ビーフンは、中国語では「米粉」と書き、文字どおり米粉から作られる麺です。中国福建省や台湾、日本で食べられるものは、図2-14に示すように細長い形状をしており、日本語でビーフンというと普通これを指します。

精米して水に浸漬したインディカ種のうるち米を、水を加えながら挽いて白濁液にし、これを濾過してとったデンプンを加水加熱しながら練って生地を作ります。この生地を、小さな穴が多数開いた筒状の金型からところてんのように押し出して、ひも状に成形します。このまま切り取って棒にかけて熱風乾燥するか、一度熱湯中に落として煮沸し、水冷したのち、乾燥して作られます。

ビーフンは本来、伝統的には米粉のみから作られるものでしたが、近年では米以外のデンプンも原材料の一部として使うことが増えています。米粉のみから作られるビーフンは調理に伴って伸びやすく、ブツブツと切れやすいので、トウモロコシデンプンやジャガイモデンプンを加えることにより、これらの課題を解決できます。また一般に米粉よりもトウモロコシデンプンやジャガイモデンプンの方が安価なのでコストダウンも期待できます。

そのほか、アジア各地のライスヌードルをいくつか紹介します。

広東省、香港、マカオでは、さまざまなサイズのビーフンがあり、細いものを米粉(マイファン)、太いものを瀬粉(ラーイファン)、平打ちのものを河粉(ホーファン)と呼び、マイファンは炒めて、ラーイファンはスープに入れて食べることが多いそうですが、ホーファンは炒める料理でも、スープに入れる料理でも両方よく食べられています。

東南アジアでもライスヌードルはよく食べられています。ベトナムでは、切り口が丸いものはブン、平打ちのものはフォーと呼ばれています。ベトナム南部では、乾燥によりコシを強めた平打ちのフーティウもよく食べられています。フォーは日本でもよく食べられていますね。

タイでは広東省潮州市付近から伝わった平たいホーファンが、クイティアオとして食べられています。太さや断面の形によって、センミー、センレック、センヤイと名づけられ、いずれもスープに入れるか炒めるかして食べられています。また、タイの屋台料理として知られるパッタイは、乾麺のライスヌードルを戻したものに、鶏卵および小さく切った豆腐を加えて中華鍋その他の大鍋で炒め、タマリンド果肉、ナンプラー、干しエビ、ニンニクまたはエシャロット、赤トウガラシおよびパームシュガーで調味し、ライムおよび刻んだローストピーナッツを添えて提供されます。

タイ北部からラオスにかけて食べられているカオソーイは、平打ちのライスヌードルをスープや炒め物で食べる料理です。

マレーシアでは、ライスヌードルを使った料理をラクサといいます。地名をつけてサラワクラクサと呼ばれる、ココナッツミルク仕立てのスパイシーな麺料理がよく食べられています。

ミャンマーでは、うどんよりやや細めの麺をナンジー、素麺ほどの太さのものをナンティ、平打ち麺をナンビャーと呼んでいますが、間違いなく中国から伝わっていると考えてよいでしょう。

インド南部のタミル・ナードゥ州やカルナータカ州には、生米をすりつぶして作った液を蒸すか、加熱しながら練って団子状にし、これをところてん式に押し出して作るセヴァイというライスヌードルがあります。レモン、タマリンドなどで酸味をつけたり、ヨーグルト入りのカレーに似たコルマというソースをつけたり、ココナッツミルクで甘くしたりして食べられています。

スリランカには、米粉を練ったものを、数十の穴が開いた器具に入れて、スクリュー式に押し出して作るイディアッパムがあります。皿にのせて蒸し、カレー味のおかずとともに食べられています。

以上のようにアジアではライスヌードルが日常生活の中に入り込んでおり、ライスヌードルを使った料理が無数にあります。日本で食べられるものもあるので、ぜひお試しください。

第3章
麺の栄養学

3-1 三大栄養素と微量栄養素

麺は、パスタでもラーメンでも蕎麦でも大好きな人が多く、さまざまな麺を楽しむことができる一方、昨今の低糖質ダイエットブームで、なにかと目の敵にされがちです。しかしながら、正しい栄養学の知識をもって麺をとらえていただきたいと願ってこの章を設け、麺の栄養について述べたいと思います。毎日の食事の中で、どのように麺を食べたらよいのか、栄養学のポイントをおさえつつ解説していきます。

三大栄養素とは糖質（炭水化物）、タンパク質、脂質（脂肪）を指します。この3つの栄養素は、人間に必要な栄養素の中で特に重要とされている成分です。私たちが人として機能するために、食べ物からこれらの栄養素を摂取することで、エネルギーを生み出し、筋肉、骨、臓器、皮膚などを作り出すことが重要です。三大栄養素の摂取バランスをＰＦＣバランスといい、エネルギー基準で、タンパク質（Ｐ）15％、脂質（Ｆ）25％、および糖質（Ｃ）60％の割合がよいとされています。

エネルギー基準といわれてもどれくらい食べたらよいかわかりませんね。一般に、タンパク質と糖質は１ｇあたり４㎉のエネルギーを、脂質は１ｇあたり９㎉のエネルギーを持っているとされていますので、１日２２００㎉のエネルギーが必要であるとすると、おおよそ、タンパク質83ｇ、脂質61ｇ、糖質３３０ｇを食べればよいことになります。なお、１日に必要な食事カロリーは、年齢によって、性別によって、また生活習慣によって異なりますので、詳細は専門書をご覧いただくとして、あくまでも参考としての数値であることをご理解ください。

糖質は、酸素に炭素と水素が結合した物質ですので炭水化物と呼ばれていました。しかしその後硫黄や窒素を含む物質が見つかったため、単純に炭素と水素の化合物としての炭水化物という用語は適切でないということで、糖質と呼ばれるようになりました。また、後述のように食物繊維も炭素と水素と酸素を主要成分とする物質ですが、栄養学的な機能が異なることがわかってきましたので、酸素と炭素、水素を主要成分とした、血糖値の上がりやすい物質を糖質と呼んでいます。現在、栄養学的には、糖質と食物繊維を合わせて炭水化物と呼んでいます。

低糖質ダイエットが流行った理由

糖質にはブドウ糖（グルコース）、砂糖（ショ糖）、オリゴ糖などいろいろありますが、食べ物としての糖質の代表は、デンプンです。砂糖やブドウ糖は甘いので、これ以上はまずいな、と思って食べ過ぎないようにしやすいといえますが、ブドウ糖の集合体であるデンプンは甘味がないので、食べ過ぎてしまいがちという課題があります。

糖質はエネルギーを生み出す栄養素です。糖質を摂取すると、まず、唾液中のα‐アミラーゼという酵素により、グルコースの結合がザクザクと適当に切断されます。さらに膵臓からもα‐アミラーゼが分泌されて、十二指腸においてさらに分解が進み、グルコース2個のマルトースや数個のオリゴ糖にまで分解されて、小腸に至ります。

小腸の壁にはグルコアミラーゼなどの酵素があり、これらの酵素群によって、マルトースやオリゴ糖がグルコースに分解されます。以上の過程を図3‐1にわかりやすく図示してみました。このようにして生成したグルコースは、小腸の壁を通過して血液中に入ります。

このように糖質は私たちの体の中でグルコースにまで分解されて血液中に入ります。これは

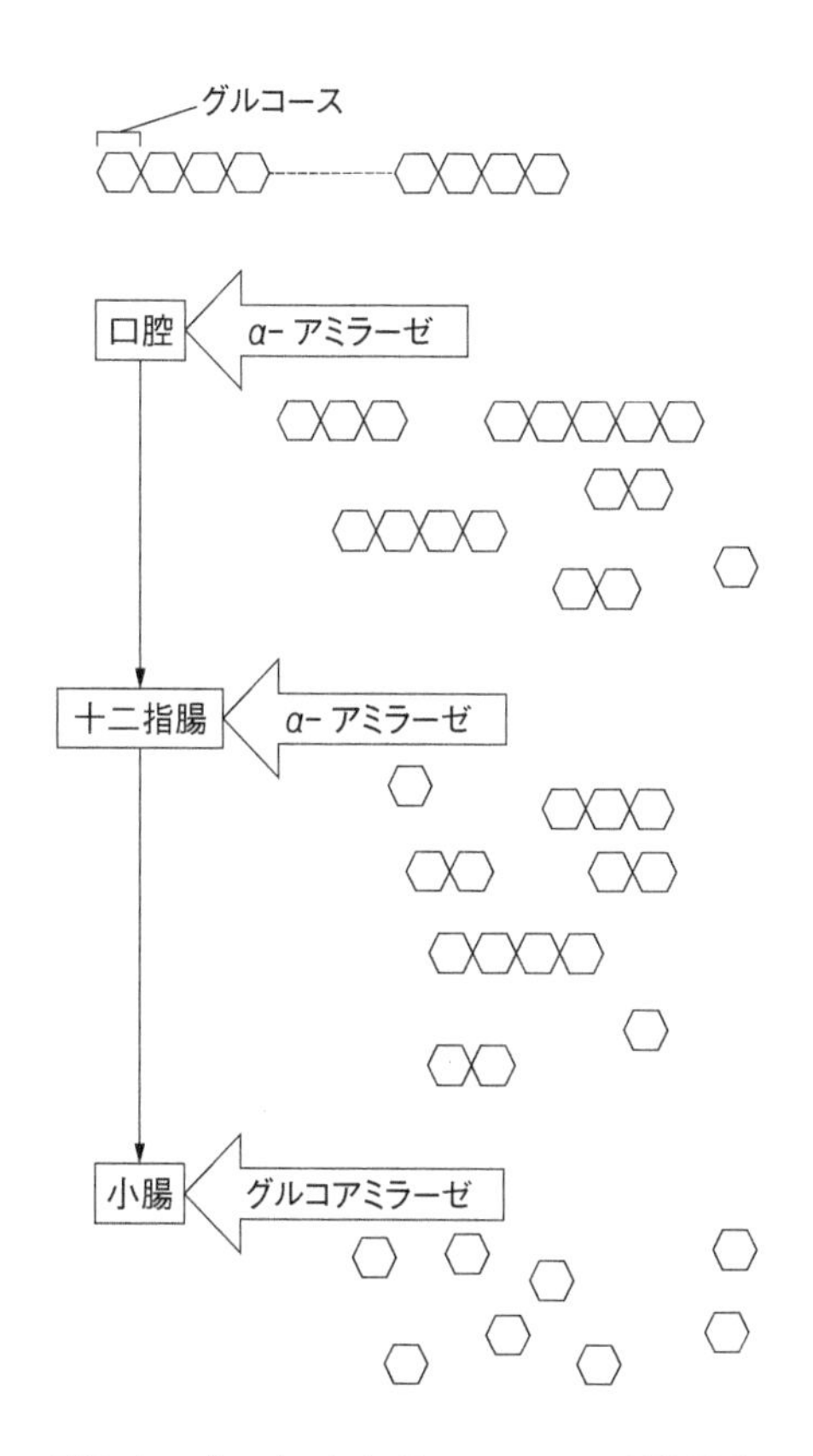

図3-1　デンプンからグルコースへの消化過程

砂糖でもデンプンでも同じです。血液中のグルコース濃度を血糖値といいます。血糖値が高くなると膵臓からインスリンが分泌されます。インスリンは、血液中のグルコースを細胞に吸収させるように作用し、血糖値を下げる働きをするホルモンです。

細胞内に入ったグルコースは、10種類の酵素により変換されるというとても複雑な反応を経て、その間にエネルギーを取り出すためのＡＴＰという物質を作り出します。ＡＴＰはアデノシン三リン酸という物質で、リン酸基が３つ結合していて、１つ切れるごとにエネルギーを生み出せるようになっています。私たちの体温が下がらないのも、細胞の内外で物質のやり取りができるのも、ＡＴＰのおかげです。この10種類のグルコース変換過程を解糖系と呼んでいます。私たちはエネルギーを作り出さないと生命を維持できませんが、解糖系はその一番基本的な過程で、このシステムは微生物にも備わっています。

グルコースから必要量のＡＴＰを作り終えると、余ったグルコースは肝臓や筋肉にグリコーゲンとして蓄積されますが、その量は少なく、さらに余剰分は脂肪酸に合成されて、脂肪として皮下や内臓に蓄積されます。

血糖値が高い状態が続くと血液が流れにくくなって、いろいろな障害が現れます。糖尿病は何らかの原因で血糖値を下げるホルモンであるインスリンの分泌が不十分になったり、インスリンの機能が弱くなったりすることで血糖値の高い状態が続く病気です。人類は長い間、空腹と戦いながら進化してきたため、血糖値が下がり過ぎないようにする仕組みはいくつもありますが、上がり過ぎた血糖値を下げる仕組みはインスリンにしかありません。

そこで糖質を摂らなければよいだろうということで、低糖質ダイエットをやってみようとする人も多いのですが、栄養学的には注意が必要です。一番大切なことは、脳のエネルギーはグルコースからしか得られないということです。血管と脳の間には血液脳関門（ＢＢＢ）というバリアがあり、余計なものが精密機械である脳に入らないようにする仕組みがあります。グルコースはＢＢＢを通過できますが、脂質は通過できません。グルコースを遮断する食生活を続けると脳のエネルギーが生産できなくなります。人間にはそのような状態でも脳の中でエネルギーを作り出す仕組みがあります。タンパク質からケトン体を合成して脳にエネルギーを送り込む仕組みです。しかしながらこの状態はいわば飢餓の状態ですので決して健全ではありません。糖質を制限しすぎないことが大切です。

このように低糖質ダイエットでは脳の唯一といってもいいエネルギー源のグルコースが得られないため、病気などの理由がないのに糖質を極端に遮断してしまうのは、健全な食生活ではないかもしれません。糖質は適度に摂って健康に暮らしたいものです。

麺は食物繊維と一緒に

そこで食物繊維の登場です。食物繊維は炭水化物でありながらアミラーゼによる分解を受けにくい物質です。お通じがよくなるといわれ、なんとなくヘルシーなイメージはあったものの、消化されずにそのまま小腸に届くことから、昔は何もしない物質と考えられてきました。しかし近年の研究により、水を吸収して膨潤する食物繊維は、小腸においてグルコースの吸収を緩やかにする機能があることがわかってきました。その結果、糖質を多く摂取しても、食物繊維が豊富なものを合わせて摂れば、血糖値の上昇を抑えることができます。

水を吸収しやすい食物繊維にはどのようなものがあるかというと、タレやスープに使われるグアー豆の胚乳部から採れるグアーガム、海藻類に多く含まれるアルギン酸ナトリウム、サトウダイコン（テンサイ）、リンゴ、柑橘類から抽出されるペクチンなどが有名です。皆さんは

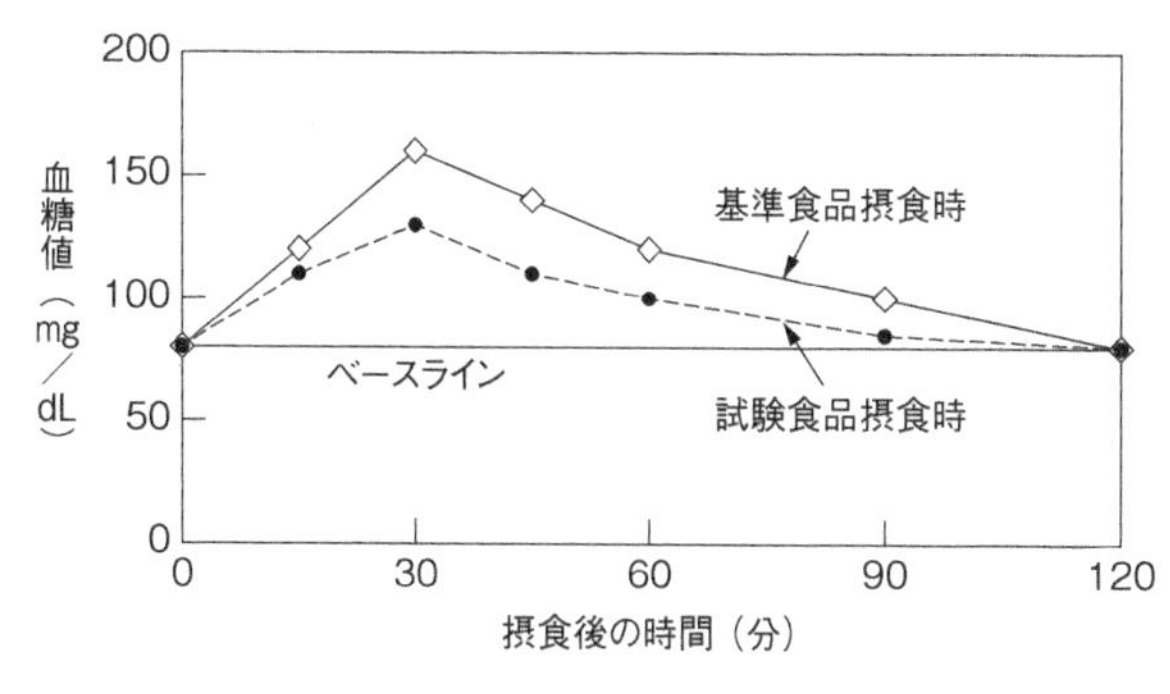

図3-2　食後の血糖値の変化

直接ご存じないものもあるかもしれませんが、さまざまな加工食品で利用されています。

昔は食品の精製度が低かったため、食品中に食物繊維が十分に含まれていましたが、現代社会では、加工食品の精製度が高くなったため、たとえば小麦粉も食物繊維分が足りていません。そこで麺だけで食べるのではなく、食物繊維の豊富な食材と合わせて食べることで、血糖値の上昇を抑えた食生活を送ることができるようになります。たとえば麺類に、野菜やキノコ、海藻類をたっぷり入れることをおすすめします。ワカメうどんや糸コンニャク入り中華麺なら簡単にできます。

食物繊維の多い食事をすると、食後の血糖値の上昇が緩やかになります。血糖値の食後の時間変化を表す尺度として、グリセミック指数（GI：グライセミック・インデックス）があります。図3－2に食後の血糖値の変化曲線を示します。上のラインが、基準食品（グルコース50ｇ）を摂食した時の変化曲線で、空腹時血糖値のベースラインとの間の面積を求めます。下のラインが、試験食品（糖質50ｇ相当）を摂食した時の血糖値変化曲線で、同様に空腹時血糖値のベースラインとの間の面積を求めます。グルコース摂食の時の面積に対する、試験食品摂食時の面積の割合をパーセント表示した値がＧＩとなります。

食品	グリセミック指数（%）
グルコース	100
ベークドポテト	95
食パン	90
白米ご飯、うどん	80
砂糖	75
日本蕎麦	55
スパゲッティ	55
玄米ご飯	50
全粒粉パン	35
果糖	20
大豆	15
緑黄色野菜、キノコ、海藻類	＜15

表3-1　いろいろな食品のＧＩ

表３－１はいろいろな食品のグリセミック指数です。白いご飯やうどん、食パンは高い値を示しています。玄米ご飯や全粒粉パンは低い値を示し、日本蕎麦も低めですが、意外にもスパゲッティが蕎麦と同じ値で低くなっています。これは、スパゲッティのタンパク質含有量が多く、血糖値上昇のもとになるデンプンを包み込んでいるためであると考えられます。砂糖はグ

ルコースに比べるとGI値が低くなっています。砂糖はグルコースと果糖が結合したもので、果糖が腸管吸収されても血糖値の上昇には寄与しないため、グルコースに比べて低い値を示します。

この値はあくまでも該当する食品を単独で食べた時の値です。この値を少しでも下げるために食物繊維を取り入れていきたいものです。GI値が高めのうどんも食物繊維が豊富な緑黄色野菜や海藻類、キノコ類などをトッピングするなどして合わせて食べることで、血糖値の上昇を緩やかにすることができます。

麺類のタンパク質の質と量

タンパク質は、体の構成要素を作り出すために必須の栄養素で、アミノ酸が数多くつながった高分子です。皮膚も筋肉も内臓もタンパク質でできています。皮膚も筋肉も内臓も新陳代謝でどんどん新しくなっていきますので、私たちは原料となるタンパク質を食べ続けなければなりません。私たちがタンパク質を摂取すると、どのように体の組織に変わっていくのでしょうか。

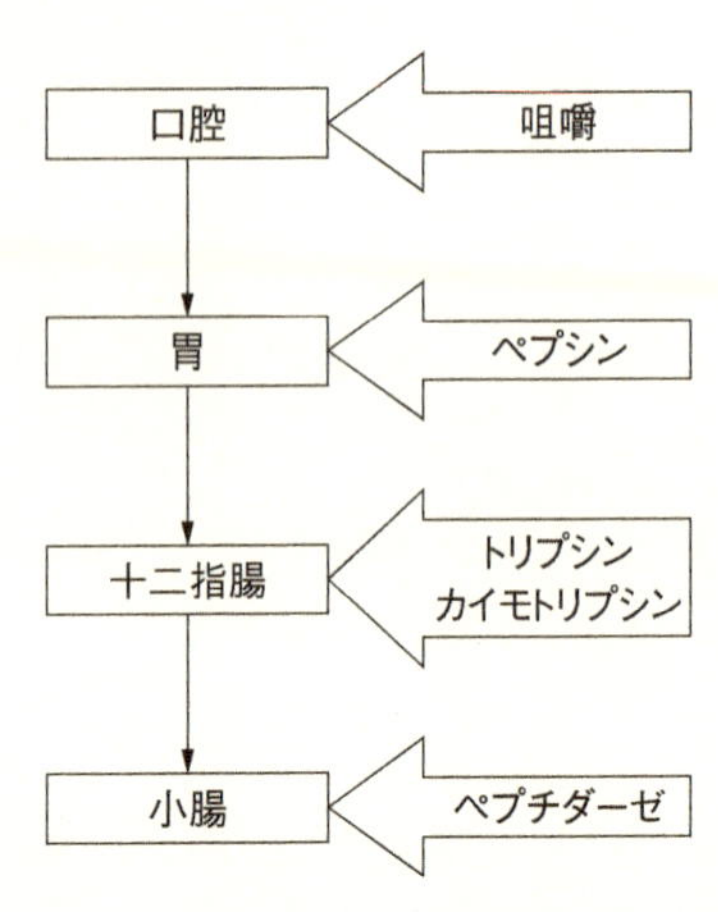

図3-3　タンパク質からアミノ酸への消化過程

口から摂取して小腸の壁を通して吸収されるまでを、順を追って説明していきます（図3-3）。まず一番大切なことは、よく噛んで食べることで、これにより食べたものの表面積を大きくします。

続いて胃に送り込まれて、収縮運動と胃酸（胃液中の塩酸）でドロドロにします。胃液にはタンパク質分解酵素の不活性型が存在しており、胃酸により活性化し、タンパク質を分解する機能が現れます。活性型はペプシンと呼ばれ、主として必須アミノ酸を取り出しやすくするような切断能力があります。十分に分解が行われたところで、胃の出口（幽門）から十二指腸に送られます。

十二指腸では、重炭酸ナトリウムで中和されると同時に、膵臓から分泌されたトリプシンやカイモトリプシン（キモトリプシン）というタンパク質分解酵素によって、さらに切断され、短いアミノ酸の鎖（ペプトン）まで分解します。このようなタンパク質分解酵素の機能は、人間にとって必須なアミノ酸を効率よく吸収するための仕組みであるといえます。

こうして小腸に達したペプトンは小腸粘膜にある酵素（ペプチダーゼ）の働きでアミノ酸1個にまで分解され、吸収されます。吸収されたアミノ酸は血液により肝臓に運ばれます。そして肝臓でもともと体内にあったアミノ酸と混合されて、各組織に供給されます。

私たちの遺伝子には、体の構造（筋肉、骨、臓器、血液）や酵素類といったタンパク質のアミノ酸配列情報が含まれています。この遺伝子情報に基づいて、供給されたアミノ酸から、今度は体の各部位のタンパク質が合成されます。以上の流れから、タンパク質を食べてそのままタンパク質になるわけではないということがおわかりでしょう。

ではどのようなタンパク質を摂ったらよいのでしょうか？　第1章の蕎麦粉のところで、その指標である「アミノ酸スコア」について解説しました。繰り返しになりますが、ちょっとおさらいしてみましょう。

タンパク質は20種類のアミノ酸で構成され、私たちの体の中で作り出せるアミノ酸と、食事

アミノ酸	必要パターン (mg/g-タンパク質)
リシン	45
トレオニン	23
トリプトファン	6
含硫アミノ酸 (メチオニン+システイン)	22
芳香族アミノ酸 (フェニルアラニン+チロシン)	38
バリン	39
ロイシン	59
イソロイシン	30
ヒスチジン	15

表3-2　必須アミノ酸の最低限必要な量

数値は、タンパク質1gあたりの各アミノ酸の質量です。含硫アミノ酸は、硫黄を含んだアミノ酸で、メチオニンは必須アミノ酸、システインはメチオニンから体の中で合成されるため一緒にして所要量を示しています。また芳香族アミノ酸は、必須アミノ酸のフェニルアラニンと必須ではないチロシンの合計です。チロシンはフェニルアラニンから体の中で合成されるため一緒にして所要量を示しています。

からでないと摂取できないアミノ酸の、2種類あります。後者を必須アミノ酸と呼んでおり、特に重要視されます。必須アミノ酸は、トリプトファン、リシン、メチオニン、フェニルアラニン、トレオニン、バリン、ロイシン、イソロイシン、およびヒスチジンの9種類です。タンパク質の質を語る時には、この必須アミノ酸の量が重要視されます。表3-2は必須アミノ酸の最低限必要な量を示しています。

この表を使って食品のアミノ酸スコアを出していきます。まず、アミノ酸スコアを知りたい食品のタンパ

食品	アミノ酸スコア	タンパク質含有量(g/100g)
うどん（ゆで）	51（リシン）	2.6
スパゲッティ（ゆで）	49（リシン）	5.4
水稲めし(精白米、うるち米)	93（リシン）	2.5
日本蕎麦（ゆで）	84（リシン）	4.8
大豆（ゆで）	100	14.8
マグロ(クロマグロ、赤身)	100	26.4
鶏卵（生）	100	12.3
豚肉（ロース、生）	100	22.7
鶏肉（胸、皮なし、生）	100	24.4

表3-3　いろいろな食品のアミノ酸スコアと含有量
アミノ酸スコアの数値の横のカッコ内は第一制限アミノ酸を示します。

ク質のアミノ酸組成を調べ、表3－2と比較した時に一番少ないアミノ酸を探します。それを第一制限アミノ酸と呼ぶことにします。第一制限アミノ酸の含有量を表3－2の値で割ってパーセント表示したものが食品のアミノ酸スコアです（表3－3）。

タンパク質の質、言い換えればバランスの良さを表す尺度としています。ここで注意すべきは、あくまでも質を表現する数値であって、絶対量はこの考え方には入っていないことです。タンパク質はこの質と量を考えなければなりません。

というのは、うどんやスパゲッティなどの小麦粉を使った食品は、リシンが最低必要量に比べて少なく、アミノ酸スコアが50前後しかありません。アミノ酸スコアだけで比べると、米の方がよいので、よく小麦粉で作られる麺類やパンより米を食べる方がよいといった議論がなされますが、小麦粉食品も米食品もタンパク質含有量を見ると、少ないことがわかります。したがってこれらをタンパク質源とみるのは適切ではなく、やはりアミノ酸スコアが100で、かつ含有率の高い、肉類、魚介類、鶏卵、乳製品をタンパク質源と考える方がよいでしょう。

前項の結論同様、パスタのソースやラーメンのトッピングに肉や魚介などを加えて食べることが、栄養面でも大切になります。麺類には、肉類、卵、魚介類を合わせて食べるようにしたいものです。古来、うどんにはきつね（大豆製品である油揚げ）、鶏卵、肉類をのせていましたが、生活の知恵から生まれて、理にかなっていたのだと思われます。麺類ではありませんが、パンもまったく同じ糖質主体の食品なので、ハムやチーズといった良質なタンパク質を多く含む食品をはさんで、サンドイッチにして食べることで栄養バランスをとっているわけです。

健康によい脂質とは

脂質は、脂肪酸とグリセリンが結合した物質です。私たちが脂質を摂取すると咀嚼や胃での蠕動運動により細かくされ、さらに胆のうから分泌される胆汁酸によって、微粒子状に分散されます。これを乳化といいます。この状態で膵臓から分泌される酵素のリパーゼの働きにより、脂肪酸の一部がグリセリンから切り離されます。この状態になって初めて腸の壁を通過できます。腸の壁を通過すると再び酵素の働きにより脂質に再合成され、さらに水と親和性のあるリン酸化合物やタンパク質と複合体（カイロミクロンと呼ばれます）を形成してリンパ管に放出されます。カイロミクロンはさらに血液循環系で体中に輸送され、内臓周りや皮下で脂肪として蓄積されます。

このように私たちが食べた脂質は、最終的に脂肪として蓄積されます。脂質も糖質と同じようにエネルギーを生み出す栄養素ですが、エネルギーを生み出すメカニズムは異なります。蓄積された脂肪は、有酸素運動を行うと分解が始まり、最終的にエネルギー源であるＡＴＰを作り出します。つまりふだん汗をかくような運動をしていないと体の脂肪はなくならないということです。

脂質を構成している脂肪酸には、飽和脂肪酸と不飽和脂肪酸の2種類あります。飽和脂肪酸が体脂肪として蓄積されやすい物質で、一方、不飽和脂肪酸は、さまざまな研究により、私た

	飽和 脂肪酸	一価 不飽和	多価 不飽和	主要成分
オリーブ油	13.8	73.0	10.5	オレイン酸
ゴマ油	14.2	39.7	41.7	オレイン酸、リノール酸
亜麻仁油	8.1	15.9	71.1	α-リノレン酸
椿油	20.6	51.4	22.9	オレイン酸、リノール酸
ヘット（牛脂）	49.8	41.8	4.0	オレイン酸
ラード（豚脂）	39.2	45.1	11.2	オレイン酸

注）単位は質量%

表3-4　不飽和脂肪酸を含む食用油

ちの体の機能に深くかかわっていることがわかってきました。脂肪酸は、炭素数の多い酸で、不飽和脂肪酸は炭素と炭素の間の結合が二重になっているものがある脂肪酸を指します。またこの二重結合が1個だけのものを一価不飽和脂肪酸といい、2個以上のものを多価不飽和脂肪酸といいます。

表3－4は食用油の脂肪酸組成です。動物性油に比べて植物性油は、飽和脂肪酸の割合が比較的少ないことが特徴です。オリーブ油などに含まれるオレイン酸（一価不飽和脂肪酸）は、コレステロールの調整機能があり、動脈硬化につながるLDLコレステロール（悪玉）値を下げ、余分なコレステロールを排出してくれるHDLコレステロール（善玉）値を下げないという機能を持っています。つまり血管年齢を若々しく保つ役割があります。また、ゴマ油などの成分であるリノール酸（多価不

飽和脂肪酸）は、私たちの体の中でいろいろな生理活性物質になります。少し前に体にいいと話題になった亜麻仁油の主要成分であるα－リノレン酸（多価不飽和脂肪酸）は、血中の中性脂肪を下げる作用、血栓ができるのを防止する作用、高血圧を予防する作用があるといわれています。これら不飽和脂肪酸は、私たちの体の中では作ることができません。食事から摂る必要があるということで必須脂肪酸と呼ばれています。

一般に植物油は、不飽和脂肪酸が豊富に含まれ、健康によい油であるということができます。素麺や五島うどんは麺が細いため、麺同士がくっつかないように植物油を塗っていますが、付着性に関する効果だけではなく、健康にもプラスになる可能性が考えられます。とはいえ、脂質に関しても麺類は主な脂質源とはならないので、調理方法や合わせる具などでバランスよく摂ることが必要です。

必須の微量栄養素が豊富な小麦粉

食事にはＰＦＣバランスが重要であることをお話ししました。タンパク質も脂質も糖質も体の中で分解されたり、いろいろな物質に変換されたりして、エネルギーを生み出したり、体の構成要素になったりします。これらの分解・変換は化学反応で進行し、この化学反応を進行させる物質が酵素です。酵素もタンパク質です。酵素は、通常なら何百℃といった高い温度でないと進行しない化学反応を、たかだか37℃くらいの低い温度で進行させるたいへん優れた物質ですが、実は機能が高いというよりは、化学反応を支援する他の物質に頼って化学反応を進行させています。

その酵素が頼っている物質というのが、ビタミンやミネラルです。ビタミンやミネラルは必要とされる摂取量が、三大栄養素に比べて非常に少ないため、微量栄養素と呼ばれていますが、微量だから重要でないわけではなく、ビタミンやミネラルが不足すると化学反応がうまく進行せず、タンパク質も脂質も糖質も栄養素として役立てることができず病気になってしまいます。

たとえば、お肌の重要成分であるコラーゲンは、アミノ酸の一種であるグリシンとプロリンがつながり、さらにプロリンに水酸基が結合したヒドロキシプロリンが結合して、グリシン-プロリン-ヒドロキシプロリンの繰り返し構造の、繊維状のタンパク質です。プロリンに水酸基を結合させる酵素は、ビタミンCの支援を受けてヒドロキシプロリンを作っています。ビタミンCが不足するとコラーゲンができなくなります。さらに進行すると、もともとあったコラーゲンが壊れていき、ちぎれたコラーゲンが血管につきささって血が噴き出すという恐ろしい壊血病の原因になります。

脚気（かっけ）は江戸時代になって精白米がよく食べられるようになった江戸ではやった病気です。米ぬかに含まれるビタミンB_1が欠乏すると神経障害が起き、足のしびれなどが起きる病気です。第二次世界大戦後、わが国では栄養指導が行き届くようになり、脚気はいったん絶滅しました。しかしながら近年、高度に精製加工された食品素材が出回るようになり、ジャンクフードが好んで食べられるようになると、特に若い人の間で脚気になるという事例が現れました。特に批判の矢面に立たされたのが即席麺です。現在では、即席麺の多くにはビタミンB_1、B_2などが添加されており、即席麺によるビタミン不足から起こる病気とは一概に言えなくなりました。

酵素は水の存在下で化学反応を進行させます。したがって酵素を支援するビタミンBのグループ、およびビタミンCは、水に溶ける性質（水溶性）を持っていることが特徴です。

水に溶けない性質のビタミンもいくつかあります。ビタミンA、D、E、およびKが、水に溶けない、すなわち油脂と親和性のある（脂溶性）ビタミンです。ビタミンAは、網膜の機能維持にかかわっています。植物が持つ抗酸化物質であるβ-カロテンはビタミンAが2つ結合

ミネラル	機能
銅（Cu）	細胞内に発生した活性酸素を分解する酵素の一部として機能
鉄（Fe）	過酸化水素を分解する酵素の一部として機能
マンガン（Mn）	アルギニンの分解酵素の一部として機能
ニッケル（Ni）	尿素を分解する酵素の一部として機能
セレン（Se）	活性酸素やフリーラジカルから生体を防御する酵素の一部として機能
亜鉛（Zn）	アルコールを分解する酵素の一部として機能
モリブデン（Mo）	アルデヒドを分解する酵素の一部として機能

表3-5　ミネラルの機能と役割

した物質で、β-カロテンを摂取すると小腸で2つに切断されてビタミンAになります。ビタミンDは、体内でコレステロールから作られる物質で、血液中のカルシウム濃度の制御にかかわっています。ビタミンEは、植物油の劣化防止の機能を持っており、その性質から、食品の酸化防止のために添加されます。ビタミンKは、体内での骨の形成にかかわっています。

ミネラルも微量栄養素の一つです。酵素はビタミン類の支援を得て化学反応を進めますが、ミネラルも酵素と結合して化学反応の支援をしています。表3-5に、私たちの体にとって必須であるミネラルの役割を示します。私たちが体の中で生命活動を行うと、老廃物として、フリーラジカルあるいは過酸化水素といった物質が生成します。これらは、放っておくと、細胞を傷つけたり、老化につながったりするため、私たちの体の中には、こういった毒物を分解する酵素がたくさん存在します。銅、鉄、セレンは毒物分解酵素の一部として機能しています。

また、お酒は人間にとって毒物という面もありますので、アルコールを分解する酵素があります。これによってアルコールはアルデヒドに分解されます。しかしながら、アルデヒドも毒物ですので、さらにこれを分解する酵素があり、それぞれ、亜鉛とモリブデンが酵素の一部として機能しています。

もちろんこれらのミネラルは多量に摂取するとそれ自身が毒物ですから、食事の中で自然に摂取することが望まれます。小麦粉は、鉄、モリブデン、セレンが比較的多く含まれ、特にセレンは強力粉に多く含まれています。毎日の推奨量30㎍（成人男性）に対して、強力粉１００ｇあたり約40㎍のセレンを含んでいるので、重要なセレン源であると位置づけられています。

以上のことから、麺の主要な原料である小麦粉は、タンパク質（10％程度）と脂質（２％程度）に関しては少なく、栄養学的には糖質源と位置づけられます。しかし、小麦粉のタンパク質は水和してグルテンとなり食感をよくし、脂質は風味や品質変化に関わるなど、さまざまな働きがあります。

3-2 タンパク質のアレルギー

小麦アレルギーは増加傾向にあるようです。小麦粉から作る麺は多く、麺好きの人には重要な問題ですので、ここで少し取り上げたいと思います。

アレルギーというのは、人間が持っている免疫系という、外敵から自分自身を守る機能の結果として現れる症状です。免疫のメカニズムはたいへん複雑で、ここですべてを説明するのは不可能ですので専門書に譲りますが、大切なことは、私たちの体の中の免疫細胞が外部から侵入した異物などに反応して、排除しようとする仕組みであるということです。本来は微生物や寄生虫、ウイルスに対して攻撃する仕組みでしたが、免疫系になんらかの異常が起きて、外敵以外の食品由来のタンパク質に反応してしまうことが、現代の人間の体内で起こっています。

現在、日本の食品衛生法では、乳、卵、甲殻類、落花生、小麦粉、日本蕎麦が六大アレルゲン（アレルギーのもとになる物質）として定められています。この中で、落花生と日本蕎麦は特に激しい症状（アナフィラキシー）を起こします。また、六大アレルゲン以外は大丈夫かというと、免疫系が外部からのタンパク質に反応する仕組みがアレルギーなので、大豆だろうが、肉だろうが、可能性はゼロではないということです。

小麦粉もアレルゲンですが、落花生や日本蕎麦ほど激しい症状は現れません。小麦アレルギーで注意しなければならないのはセリアック病です。グルテンが未消化のまま小腸から吸収されると免疫反応が起き、それが引き金になって自分自身の免疫細胞が腸の壁を攻撃するという一種の自己免疫疾患です。栄養分を取り込むための小腸の壁が破壊されるため、栄養失調などいろいろな症状が現れます。小麦粉食品を多く食べる欧米では患者が多く、発症者はグルテンフリーの食事に変えて症状を軽減しなければなりません。

免疫系は、私たちの祖先が海の中で暮らしていた頃には体内に入ってくる外敵・異物はそれほど多くなかったため、簡単な防御システム（自然免疫といいます）で済んでいましたが、陸上に上がって進化を遂げると無数の外敵から身を守る必要に迫られて、より高度な防御システム（適応免疫といいます）を身につけました。適応免疫というのは、侵入してきた外敵（病原体やウイルス）や異物（タンパク質）に対して適切な武器（抗体といいます）を遺伝子組み換えにより作り出し、迎え撃つ仕組みです。

近年、腸内の免疫細胞のバランスが崩れてアレルギーが起こるという説が有力になりつつあります。すでに免疫反応が起きている人に対しては、原因となる食品を排除しなければなりませんが、腸内の環境を整えるという意味での根本的な免疫機能改善法の解明が期待されます。

3-3 遺伝子組み換え作物とは

現代の大規模農業では、生産性の向上のため、除草が重要な作業ですが、これを人手で行うのは不可能ですので、除草剤を散布することが行われます。除草剤の中で一番有名なのは米国モンサント社の「ラウンドアップ」という除草剤です。

前述のように、私たちは自分自身で作れない必須アミノ酸が9種類もあり、食事で摂らなければなりませんが、植物は、自分自身で使用するアミノ酸をすべて自分で作れるようになっています。3－1節の糖質の摂取でも述べた解糖系という仕組みから枝分かれして、トリプトファン、フェニルアラニン、チロシンといったアミノ酸の中でも複雑な構造を持つものを合成しています。「ラウンドアップ」は、その過程の一つの酵素の働きを阻害する物質です。確実に阻害できるため、「ラウンドアップ」を散布された植物は確実に枯らすことができます。このとき、作物を遺伝子組み換えして、「ラウンドアップ」が効かなくなるようにしたものが遺伝子組み換え作物です。これにより作物は問題なく生長し、雑草は確実に取り除くことができるようになります。

現在、認可されている遺伝子組み換え作物は、ダイズ、トウモロコシ、ナタネ、ワタ、テンサイ、アルファルファ、ジャガイモおよびパパイヤです。一方、麺の主要原料である小麦や米は遺伝子組み換え体が認可されていません。認可するかどうかに関しては、一定の考え方があり、小麦や米に関しては、ヒトが主食として食べるものであるという考え方から認可されていません。これからも小麦と米は遺伝子組み換え体が認可されることはないでしょう。

なお多くの研究機関で、ラットやマウスに遺伝子組み換え作物を給餌して何世代にもわたって影響を調べていますが、現時点でも「影響が現れた」という報告はありません。しかしながらヒトを使った試験はできないため、遺伝子組み換え作物のヒトへの影響はグレーであると多くの人々は考えています。

第4章

科学の力で麺をおいしく

テレビで麺の特集を組むと視聴率が上がるようで、最近筆者のところにもテレビ各局から出演依頼がたくさんくるようになりました。筆者が提供している情報は「グルテンの構造を制御することで、食感が自由自在に変えられる」という技術が中心です。

第1章では、小麦を中心に、タンパク質とデンプンの基本的な性質を解説しました。

小麦という植物のルーツが中近東の標高の高い地帯にあることから、植物にとって必須の元素である窒素(アンモニウムイオン、硝酸イオン)が得られにくく、運よく地中から吸収できた時には、グルタミン酸やグルタミンとして蓄積できるように進化したことをお話ししました。その結果、小麦粉の元である小麦種子のタンパク質はグルタミン、グルタミン酸の割合が非常に多く、このことにより水を加えて捏ねるとグルテニンという弾力性のある物質ができ、粘性を示すグリアジンと相互に結合して、粘弾性に富んだ小麦粉生地ができあがります。

また、デンプンには、グルコースがつながったアミロース、アミロペクチンという2種類の高分子があること、このことにより糊化・老化という基本的な性質があることを書きました。

この章では、第1章で解説した性質をふまえて、わずか10%程度しか含まれない小麦粉のタンパク質が、グルテンの状態をコントロールすることでかなり幅広い食感を作り出すこと、そして90%程度含まれているデンプンが、小麦食品の品質を左右することをお伝えしながら、今までにない調理法を用いて、麺をおいしく食べる方法についてもお話ししたいと思います。

4-1 麺をおいしくゆでる

湯の気泡の正体

うどん、冷や麦、素麺、中華麺、スパゲッティ、日本蕎麦、いずれも沸騰状態を保つことが麺のゆで方の基本です。ところがこの沸騰状態を保ってゆでることは、なかなか難しい作業です。まず、沸騰している状態で麺を入れると、どんどん泡が発生し、あっという間に吹きこぼれてしまいます。吹きこぼれるとコンロの周りは汚くなりますし、あわてて火傷でもしたらたいへんです。

なぜ吹きこぼれが起きるのでしょうか。麺をゆでていると、麺に含まれるデンプンが溶け出します。その状態で沸騰が始まると、できた気泡がデンプンの膜によって壊れにくくなり、気泡の数が急激に増えます。気泡のサイズは小さく、それが嵩(かさ)高くなります。その結果、気泡の体積が急激に増え、鍋の外側にあふれ出すわけです。

同じような現象に突沸があります。鍋に水を入れて加熱し、だんだん温度が上がってくると、鍋の底に小さな気泡がたくさん発生しているのが見えます。これは、水が水蒸気になっているわけではなく、水に溶けている空気が、水温の上昇とともに溶解度が下がることによって鍋の底に気泡として現れた状態です。さらに温度を上げていくと鍋の底の気泡はなくなり、ところどころから気泡が連続的に発生しているのが見えるようになります。どんな鍋でも微細な傷はついており、水を入れると完全に隙間のない状態にはならず、目に見えないほどの小さな気泡が残ります。これが起点となって微小な沸騰が起こります。この微小な沸騰がなく十分に気泡が発生しないままに沸点を迎えると突然沸騰が起こり、鍋の中身が飛散して周囲を汚したり、火傷を負ったりする事故が起こることがあります。

化学実験では、ガラス製のビーカーを使って水溶液を加熱していると突沸が起こることがあり、沸石(ふっせき)（沸騰石）という多孔質の石を入れて突沸を抑えることが行われます。これは、ガラスの内面が滑らかで沸騰の起点となるような凹凸がないからです。コーヒーのサイフォンにも金属製の鎖があり、ガラスは沸騰の起点にはなりにくいのですが、金属製の鎖は表面に凹凸があり、沸騰の起点になりやすいので、突沸防止になります。麺をゆでる時に使う鍋でも新品を使う時には突沸が起こりやすいので、突沸対策として使い古しのスプーンを沈めておくと、スプーンの表面が沸騰の起点となり、突沸を防ぐことができます。

吹きこぼれたら差し水してはいけない!?

話を吹きこぼれに戻します。テレビ番組で、麺をゆでる時の問題点についてのアンケートを行うと、必ず上位にランクインするのが、吹きこぼれです。そこで、巷（ちまた）では吹きこぼれ対策がたくさん挙げられています。まず、一番手軽なのは、図4-1に示すように鍋の上部に菜箸を渡しておく、というものです。気泡がたくさん発生して鍋上部に達しても菜箸が気泡を壊してくれるという原理です。確かに、ゆっくり上昇してくる気泡には効果的ですが、急激に気泡があふれ出ている状況ではあまり役に立ちません。

次に、差し水をするというものです。ラーメン店や日本蕎麦店では、吹きこぼれそうになると差し水をします。差し水はびっくり水とも呼ばれ、プロがやっているのだからと家庭でもや

図4-1　菜箸を使った吹きこぼれ対策

っておられる方が多いようです。しかしながら、ラーメン店での差し水と家庭での差し水はまったく異なります。ラーメン店の鍋は100ℓくらいの大きな鍋を使っていますので、100ccや200ccくらいの水を入れても全体の温度はほとんど変わりません。ところが家庭では1ℓくらいの水でゆでることが多く、これに100ccや200ccの差し水をすると一気に水温が下がってしまいます。

図4-2は、東京ガスの協力を得て行った計測結果です。ガステーブルに家庭用の鍋をセットし、1ℓの水を沸騰させた後、100gの素麺（乾麺）を入れ、鍋中心部分の温度を計測しました。計測開始後10秒くらいで麺が入れられると一時的に温度が下がりますが、40秒くらいで再び沸

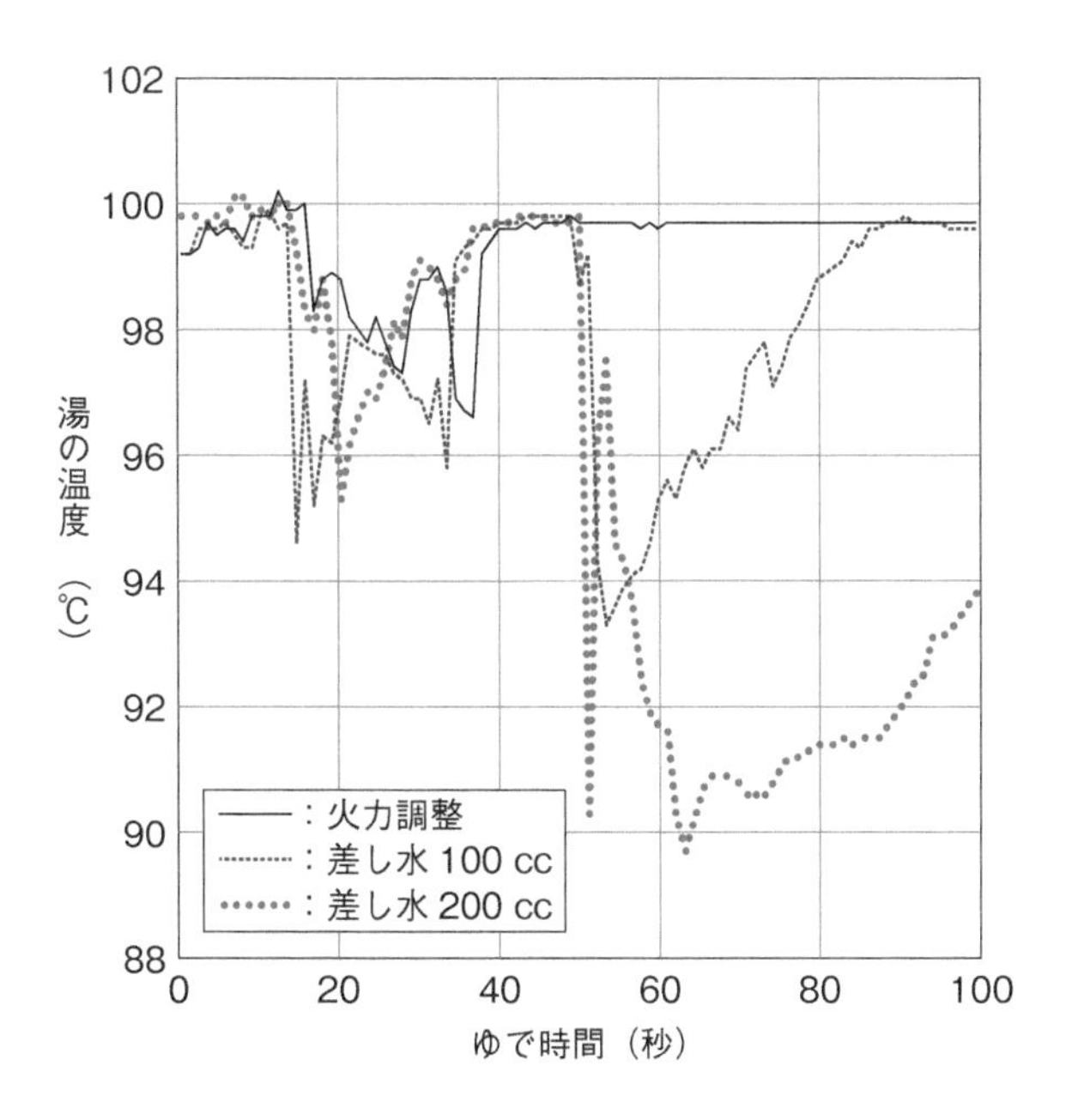

図4-2　麺をゆでる時の差し水の効果

騰状態になり微細な気泡がたくさん発生して吹きこぼれそうになります。ここで、ガステーブルの火力調節をして吹きこぼれを抑えた場合（火力調整）、差し水１００ccを加えた場合、および差し水２００ccを加えた場合の温度変化を見てみると、火力調整の場合は、ほとんど沸騰状態を維持できているのに対し、差し水をすると、１００ccの場合７℃近く、２００ccの場合10℃近くも下がり、調理終了までに沸騰状態に戻らないことがわかります。

小麦粉の場合、デンプンはだいたい60℃で糊化しますので、差し水をしてたとえ10℃近く温度が下がっても、デンプンの性質に変化はありません。しかし小麦粉に約10％含まれているタンパク質は、確実に調理不足になります。沸騰状態で麺をゆでるのは、グルテンタンパク質を熱変性させ、食感を歯ごたえのあるものにすることが大きな目的です。生麺でも乾麺でもゆで不足では、粉っぽく、グズグズの食感となってしまいます。

もう一つ、ゆで不足の弊害は、そのグルテンタンパク質の性質にあります。第1章で、小麦粉のタンパク質は分画という手法で大ざっぱな性質を表すことができることを示しました。その中でタンパク質を水で洗うと溶け出してくるタンパク質はアルブミンと呼ばれ、アミラーゼ阻害剤が主成分であることをお話ししました。アミラーゼ阻害剤は、私たちの唾液や膵臓から分泌されるデンプン分解酵素であるアミラーゼの働きをなくしてしまうタンパク質です。つまりアミラーゼ阻害剤であるアルブミンを多量に摂取するとお腹をこわしたり、極端な場合、腸閉塞を起こしたりする危険性があることを意味します。このタンパク質は、沸騰状態で調理すれば熱変性によりその働きを失うことがわかっていますので、沸騰状態で調理することが強く求められるわけです。

麺をゆでる時には沸騰状態の維持が大切であることがおわかりになったと思います。しかしながら、火力調節をしながら麺をゆでるのは面倒くさいという方のために、もう少し手軽な、吹きこぼれ対策をご紹介したいと思います。それにはあるものを使います。

吹きこぼれるのは、デンプンの被膜作用で発生した気泡が壊れにくくなり、小さな気泡のまま多量に発生して、見かけの体積が急激に増えるからでしたね。それならば小さな気泡をまとめて大きくしてしまえばよいということになります。そこで、昔から使われてきた生活の知恵でもありますが、灰皿をひっくり返して鍋の底に置くという方法があります。はじめにお断りしておきますが、必ず新品の灰皿を使ってください。そうでないと灰皿に付着した有害成分が溶け出す危険性があるからです。またどんな灰皿でもよいわけではなく、発生する気泡によって浮かび上がらないくらい重いものであること、またタバコを置くための切り欠きが複数箇所あるものが吹きこぼれ対策品として適しています。この状態で麺をゆでると気泡が発生しても灰皿の中にとどまり、だんだん気泡が合一して大きな気泡に変わっていきます。ある程度大きな気泡ができると切り欠きの部分からボコッと出てきますが、気泡が大きいため、吹きこぼれることはありません。それでも灰皿を使うことに抵抗のある方も多いと思われます。そのような方は、百円ショップで、灰皿に似た形状の吹きこぼれ対策専用グッズが売られていますのでお試しください。

4-2 素麺をおいしく食べる

かん水のかわりになるもの

第1章と第2章で、かん水の由来と、かん水によって中華麺の歯ごたえが強くなり、特有の色と香りを出すことができることを解説しました。

かん水は塩基性（アルカリ性）なので、植物などを燃やした後に残る灰を水に溶かした灰汁(あく)を使っても同じような効果が期待できます。沖縄蕎麦では、一部で、ガジュマルの木やデイゴの木から得られる灰を使った、木灰(もっかい)蕎麦と呼ばれるものがあります。灰を水に入れて煮詰めた後、上澄みを仕込み水として使います。

さて、ここではかん水を使わずに、家庭でも簡単に小麦粉から作られる麺の歯ごたえをよくする方法を紹介します。それは重曹（炭酸水素ナトリウム）を加えて麺をゆでる方法です。この現象は、小麦粉のタンパク質の構成アミノ酸にグルタミン酸、グルタミンが非常に多いことから起こる現象ですので、うどんでもスパゲッティでも同じように起こります。

ただ、うどんの場合、麺の製造工程で熟成や寝かせといったグルテンを強化する手段があること、また、わが国では伊勢うどんや博多うどんのように、必ずしも歯ごたえを求めない文化もあることで、何も重曹で食感を変えなくてもよいのではないかと思う人も多いでしょう。

一方、素麺は、乾麺の太さが1㎜前後という細さなので、食感が心もとないと感じる人もいます。もちろん高級素麺では、熟成や寝かせを行い、手延べや手綯(てな)いといった職人技で歯ごたえを強化したものがあります。また、第2章でも書きましたが「古物」という、2年ほど保管した素麺は、歯ごたえが増し、製造時に表面に塗った油が酸化し、タンパク質と結合することで高級品として位置づけられています。それに対してコンビニエンスストアやスーパーマーケットで手に入る安価な素麺はゆで溶けしやすく、食感の点で少し問題があります。

そこで、おすすめなのは重曹を加えたゆで水で、安い素麺でも高級素麺の食感に近づけるという方法です。重曹を加えることによって、ゆで溶けを防ぐことができます。

ソーミンチャンプルーをおいしくするには

素麺は、夏場の手っ取り早い炭水化物源として人気のある麺です。ただ、素麺は麺つゆにつけて食べるだけなのでだんだん飽きてきますね。たまには、他の料理で食べてみたいということになります。そんなときは沖縄の家庭料理、ソーメンチャンプルー（沖縄ではソーミンチャンプルーと呼ばれます）があります。ゴーヤ、ニンジン、ニラ、モヤシ、豚肉などを炒めて、素麺と絡めます。夏場の疲れた胃にゴーヤの苦みが心地よい料理ですが、残念なことに、麺が細いため、細切れになったり、ブヨブヨの食感になったりしてしまいます。素麺の立場になってみると、まずゆでられて、その後に炒められるという複数の調理が行われるのだからこんな食感になったってしょうがないでしょう、と言いたくもなります。

　しかし策はあります。まずゆでる段階で、麺の組織構造をしっかりとしたものに変え、歯ごたえを向上させてから、２次調理に耐えるようにすればよいのです。そこで登場するのが前出の重曹です。念のため言っておくと、重曹は掃除用のものではなく、必ず食品用のものを使うようにしましょう。

　水１ℓあたり重曹大さじ１杯（約15ｇ）を入れて素麺をゆでます。ゆで時間はラベルに記載されている標準時間でけっこうです。重曹は、少なすぎると効果が現れず、多すぎるとアルカリ特有のぬめりを感じるようになりますので、この量が適正です。

　また重曹は、温度が低い段階で入れるようにしましょう。沸騰水に投入すると急激な炭酸ガスの発生が起こるため危険です。水の段階で入れておけば、ガスは少しずつ発生するので問題ありません。

食感を測る

　このように重曹水でゆで上がった素麺の色は、薄い黄色になっており、また中華麺特有のにおいがします。これはかん水と同様の効果です。ここでどれくらい食感が変わったかを、材料

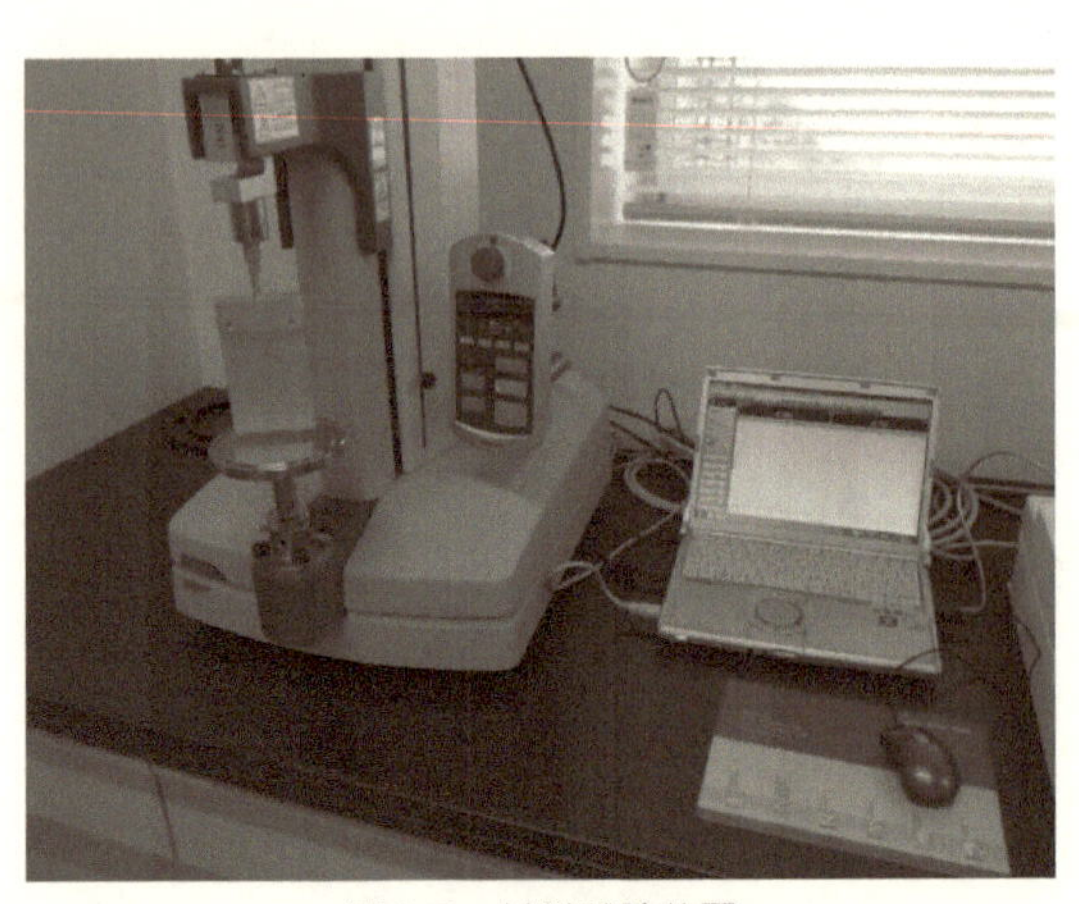

図4-3　材料試験装置

試験装置（図4-3）で確かめてみましょう。測定では、円盤形の台の上に麺を置き、人間の歯を模擬したアルミニウム製のブレード（厚さ3㎜で、先端を丸く加工している）をゆっくりと降下させていきます。ブレードの駆動軸にはロードセル（力を検知するセンサー）が付いているため、降下させて麺に当たった瞬間に力を検出することができます。またブレードの移動量も記録されているため、力と移動距離の関係をデータとしてセットで取得することができます。素麺1本はとても細いので、抵抗力を測定することが難しく、4本並べて測定することにしました。平坦なベースの上にゆでた素麺を4本平行に並べ、ブレードを使って、麺を破断します。その時に発生した力と変形量の関係が図4-4です。

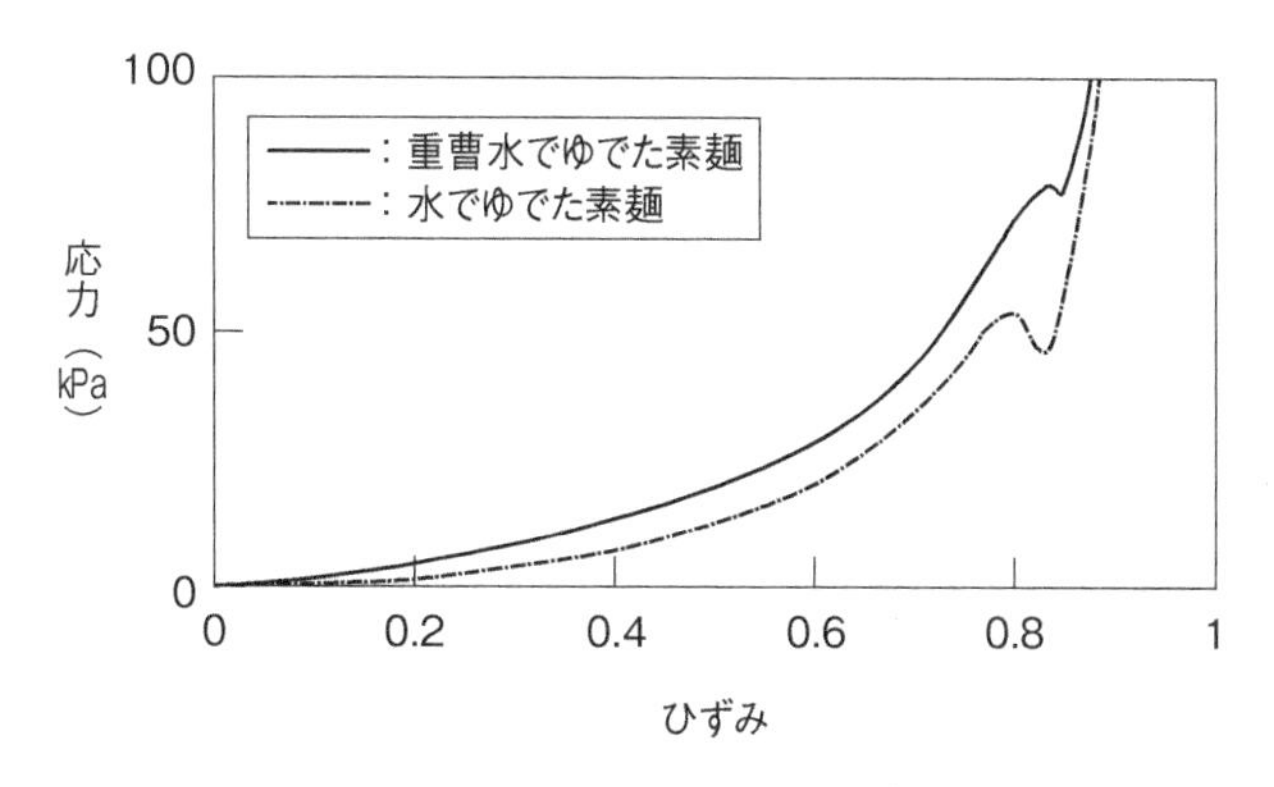

図4-4　ゆでた素麺の破断強度の違い

縦軸の応力というのは、単位面積あたりの力、横軸のひずみは、ブレードがベースに当たった時の変形量を1とした時の割合を意味します。

ブレードが麺に当たると応力が増加していき、ピークを迎えた後、いったん低下し、最終的にブレードがベースに当たって試験は終了します。このピークが歯ごたえに対応すると考えてよいでしょう。本書では、このピークに対応する応力を、降伏応力と呼ぶことにします。

重曹水でゆでた素麺の方が、水でゆでた素麺よりもピークの値が1・5倍ほど大きいことがわかります。またひずみゼロからピークにかけての曲線の傾きは重曹水でゆでた麺の方がやや大きいことがわかります。これは同じひずみを生じさせるのに大きな力が要るということを意味しています。この傾きは弾性率と呼ばれ、測定している物質が硬いか軟らかいかを表す尺度です。つまり傾きが大きいということは、硬いことを意味します。この傾きとピークの値を合わせると、重曹水でゆでた素麺は、より硬く、歯ごたえが強いことを表します。麺の世界ではよく「コシ」があるとか、強いとかいうことがありますが、硬くて歯ごたえのある状態をコシがある、といってもよさそうです。

麺の食感、香り、色を作る重曹の科学

ここで、重曹がはたらく仕組みを少し解説します。

重曹（$NaHCO_3$）は酸性と塩基性の両方の性質を持つという意味で、両性化合物と呼ばれます。重曹を室温の水に溶かすと水素イオン濃度指数（pH：ピーエイチ）は8前後です。重曹を溶かした水を加熱していくと65℃くらいで炭酸ガスを放出し炭酸ナトリウム（Na_2CO_3）となります。炭酸ナトリウムは、強い塩基である水酸化ナトリウム（NaOH）と弱い酸である炭酸（H_2CO_3）の塩なので、水溶液は強い塩基性を示します。今回の条件ではpHが11くらいになります。

ここからは、第1章の小麦粉のタンパク質の復習になります。

この強い塩基性の条件では、小麦粉のタンパク質を構成するグルタミン、アスパラギンからアンモニアが分離し、それぞれグルタミン酸、アスパラギン酸となります（図1-10参照）。このアンモニアが、低濃度で好ましく感じる、特有の中華麺のにおいの素でしたね。また、塩基性の条件では黄色い物質（カルコン）ができるので、重曹水でゆでると麺の色が黄色くなります。

さらに塩基性の条件下でできたグルタミン酸やアスパラギン酸が、塩基性のアミノ酸であるアルギニン、リシン、およびヒスチジンと結合して、グルテンの組織構造がより強固になることも前述のとおりです。その結果、歯ごたえが強くなったわけです。

さて、ソーミンチャンプルーの調理に話を戻します。歯ごたえを強くしただけでは、細い中華麺という感じですが、この調理法の真価はここからです。ソーミンチャンプルーにこの重曹水でゆでた素麺を使ってみました。水でゆでた素麺を使うと、細切れになったり、崩れてしまったりすることがありますが、重曹水でゆでた素麺を用いると、麺が硬くなり、長いままのソーミンチャンプルーができ上がり、食感も良好でした（図4-5）。筆者は健康志向なもので、ブロッコリースプラウトやパプリカをあしらい、写真ではわかりにくいのですが、彩り豊

図4-5　重曹水でゆでた素麺を使ったソーミンチャンプルー

かに、麺もしっかり長く、おいしくできました！

　このように、重曹を使って麺が格段においしくなる現象は、グルテンタンパク質の構成アミノ酸としてグルタミンが多いという小麦粉固有の性質があるためです。パスタ、うどん、さらには即席麺にも共通の性質です。即席麺はもともと中華麺ではありますが、重曹でゆでることで明らかに歯ごたえが向上し、即席麺が高級中華料理店の味に近づきます。今回は麺が細く、ゆでて炒めてという調理にも耐えて、歯ごたえがよくなるソーミンチャンプルーについての実験を紹介しましたが、ぜひほかの麺でも試してみてください。

4-3 重曹のかわりを探して――うどんの食感

重曹水で麺をゆでると歯ごたえや硬さが変化することがわかり、しばらくテレビで何度も紹介する機会を得ました。しかしながらそのうち、麺の食感が変わるのは興味深いが新鮮味がないと、番組制作スタッフさんから言われるようになりました。

この技術の重要点は、重曹にあるのではなくて、ゆで水を塩基性にすることですので、麺類の食感改善を目的として、ゆで水に入れて塩基性になる食品素材を検討してみることにしました。

一番手っ取り早い方法は、前節でも登場した灰汁を使う方法ですが、一般家庭で灰汁を準備するのは少々面倒くさいでしょう。そこでスーパーマーケットに出向き、いろいろな食品素材を購入してはゆでて、冷却した後のゆで水のpHを調べるという方法で、可能性のある素材を探すことにしました（表4-1）。その結果、シラタキ、コンニャクをゆでた水のpHは比較的高いことがわかりました。

食材	pH
ブナシメジ	8.6
生シイタケ	8.4
ゴーヤ	6.7
ホウレンソウ	7.6
タマネギ	8.5
ピーマン	8.6
セロリ（茎）	8.1
タラノメ	8.2
シュンギク	7.6
シラタキ	9.5
コンニャク	10.0

表4-1　いろいろな食材のゆで水のpH

コンニャクは、コンニャクイモの球茎（茎が肥大化したもの）の主成分であるコンニャクマンナンと呼ばれる多糖類を糊化させ、水酸化カルシウム水溶液を凝固剤として固めたものです。シラタキも同様な製法ですが、お湯の中に、トコロテンのように細い穴から押し出してから固めたものをシラタキと呼び、板状のコンニャクを包丁で細い麺状に切ったものを糸コンニャクと呼んで区別していました。近年はだいたい押し出し式になっていますので、あまり区別はなく、同じものだといって差し支えないと思います。

そこでシラタキを使って、ゆで水のpHを高くし、うどんをゆでて食感の変化を調べました。水２ℓにシラタキ２００gを入れて沸騰後、うどんの乾麺１００gを包装袋に書いてある標準時間（今回は７分）でゆでました。ゆで水は少し苦みがありますので、うどんつゆは別仕立て

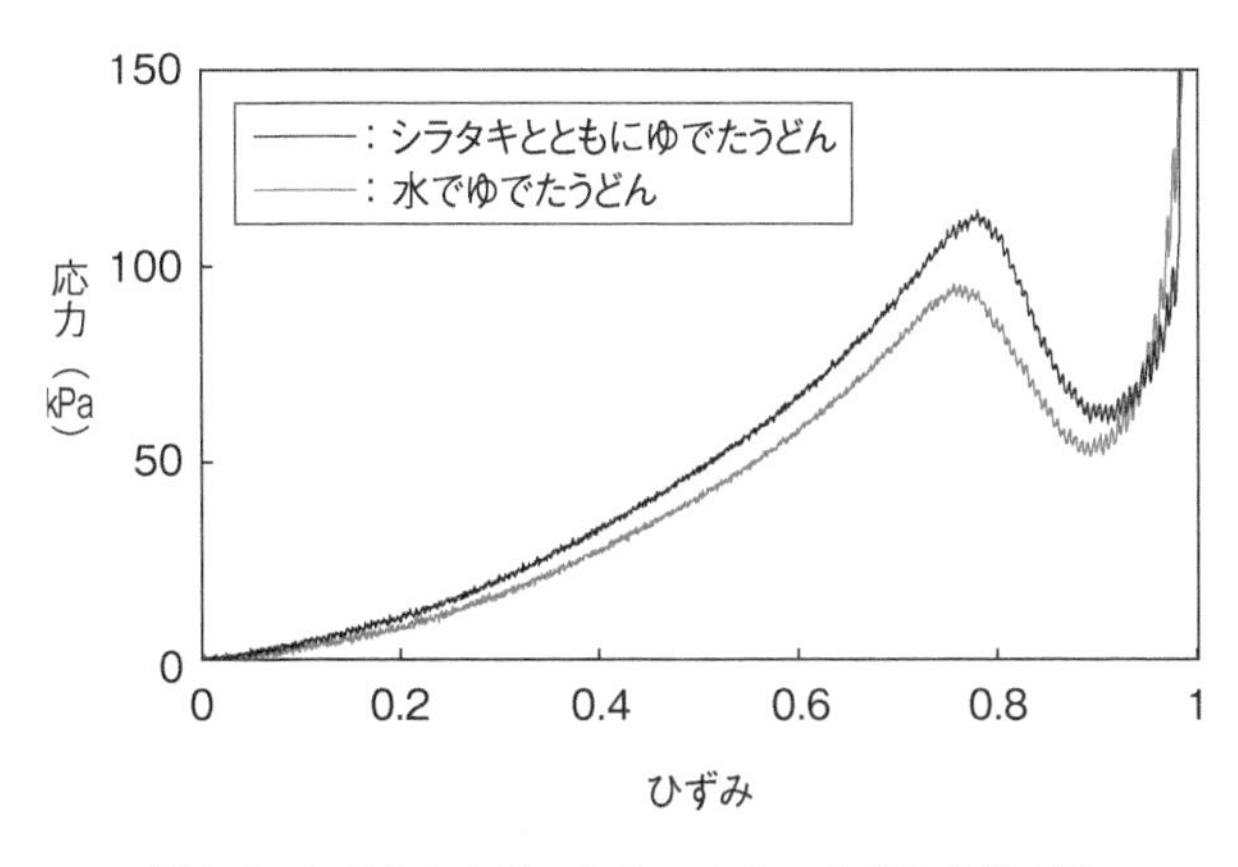

図4-6　シラタキあり・なしの応力ーひずみ曲線の違い

で作りました。

ゆで上がったうどんで、前節で紹介した材料試験装置を使って破断試験を行いました。得られた力と変位の関係から応力－ひずみ関係を求めると（図4－6）、シラタキを投入した水でゆでたうどんは水のみでゆでたうどんに比べて、勾配が急で、ピークの応力も15％ほど大きくなりました。そのピークの応力である降伏応力を棒グラフで比較すると図4－7のようになり、統計的にも有意差があるという結果になりました。これくらいの差ですと食べても明らかに食感の違いを感じることができ、また、麺は薄い黄色となり、中華麺特有のにおいがしました。なお、ゆで水のpHは10・5（25℃）となりました。

コンニャクに残留している水酸化カルシウムは

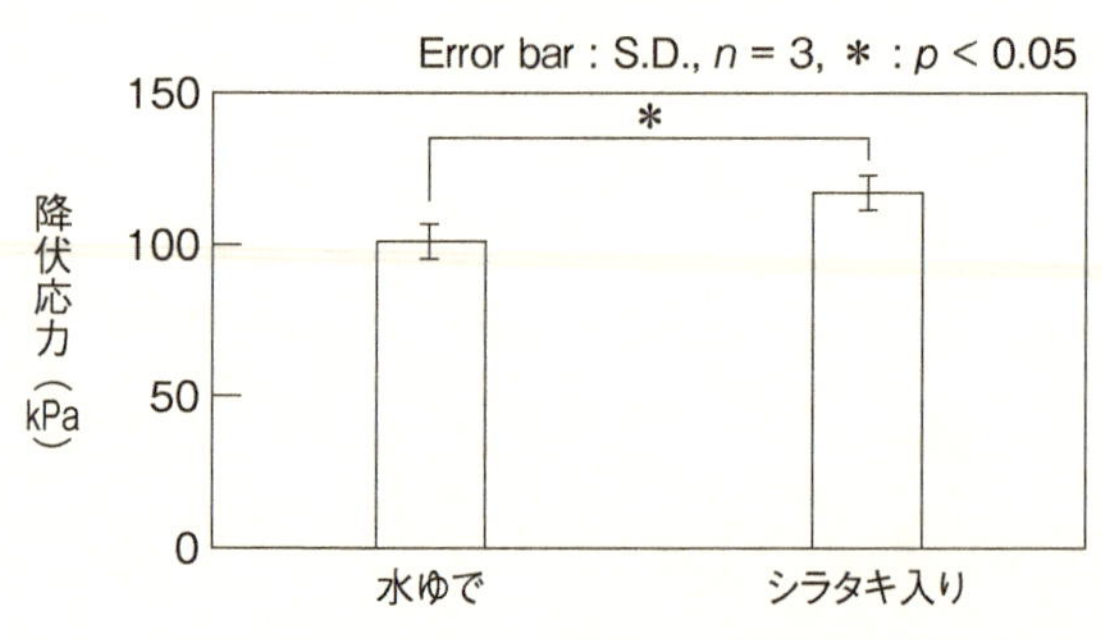

図4-7　シラタキあり・なしの降伏応力の違い（うどん乾麺）

ゆで水のpHを高くするほどの量で、重曹のかわりになることがわかりました。うどんの他にも、中華麺、スパゲッティでも歯ごたえが増すことを確認できました。シラタキでゆで水のpHを高くすることで、麺の種類を問わず食感を改善することができるというわけです。

ここで使ったコンニャクは、コンニャク料理に使えば無駄が出ずに経済的ですし、健康面では、麺の量を減らしてコンニャクで嵩上げして麺と一緒に食べるとダイエットにもなると思います。

4-4 かきまぜタイミングで即席麺をおいしく

コンニャクとうどんを一緒にゆでることで、うどんの歯ごたえを増すことができたら、これに気をよくしたテレビ局から、即席麺でもやってほしいとの依頼がありました。中華麺を塩基性のゆで水でゆでるという屋上屋を架す類の話ではありましたが、実際にやってみると大きく食感が変化することがわかりました。即席麺といえば、中華麺だけではなくて、うどんや日本蕎麦もありますが、ここでは中華麺を取り上げます。即席麺は、大きく分けて油揚げ麺とノンフライ麺の2種類あります。ノンフライ麺というのは、油で揚げるのではなく、熱風で乾燥させるタイプの麺です。近年、食感が生麺に近いということでノンフライ麺がブームになっています。今回はこのノンフライ麺で実験を行いました。

まず1ℓの水にシラタキ100gを入れて、沸騰させます。そこに即席麺1人前（約80g）を入れてゆでます。即席麺をゆでる時の注意事項は、乾麺を湯に入れたら、しばらくは、箸などでむりやりほぐさないことです。十分に湯が浸み込む前にほぐそうとすると麺が割れてそこ

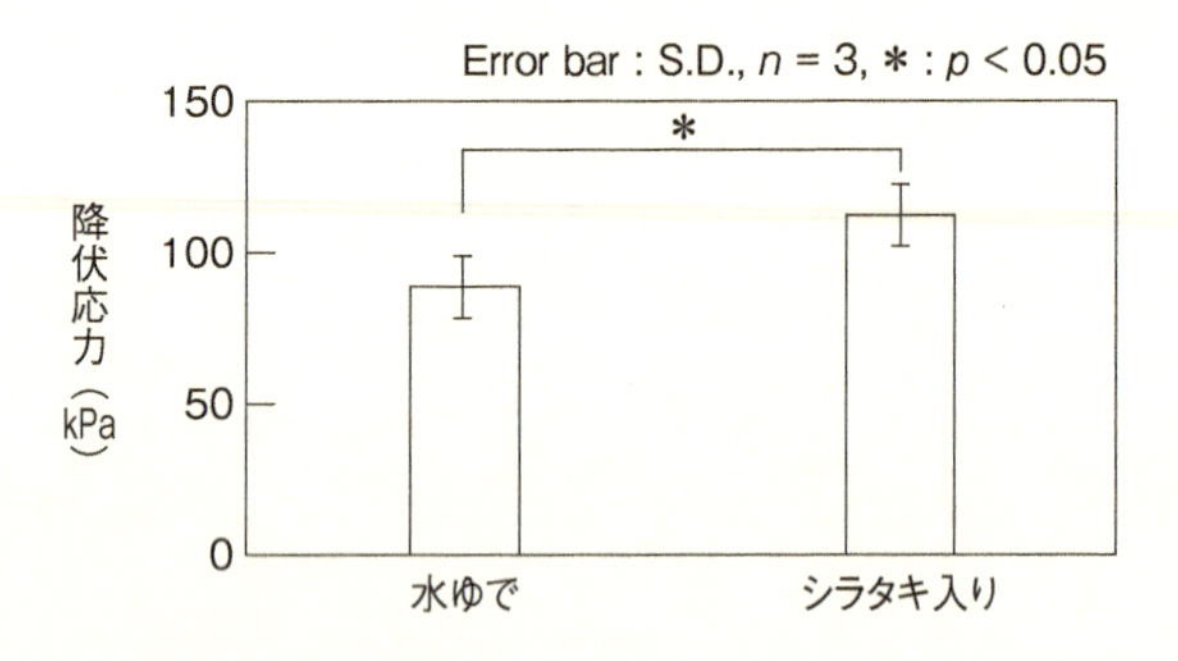

図4-8　シラタキあり・なしの降伏応力の違い
（即席ノンフライ中華麺）

から湯が浸み込み、均一な調理ができなくなるからです。麺に湯が浸み込んだ後も、麺は優しく取り扱いましょう。ちょっとした心がけですが、即席麺がおいしく仕上がります。今回用いたシラタキの場合、ゆで水のpHは10・0（25℃）でした。

前節のうどんと同じように破断試験を行ったところ、図4-8に示すように、シラタキを投入した水でゆでた即席麺は、水のみでゆでた即席麺よりも、歯ごたえに相当すると考えられる降伏応力が平均値で25％以上大きくなることを確認しました。統計的にも有意差がありました。降伏応力の差が、うどんの時よりも顕著に現れるのは興味深いのですが、コンニャクばかりで新しさがないな、と感じていました。

そこで中華麺の指標として伸びやすさに着目して

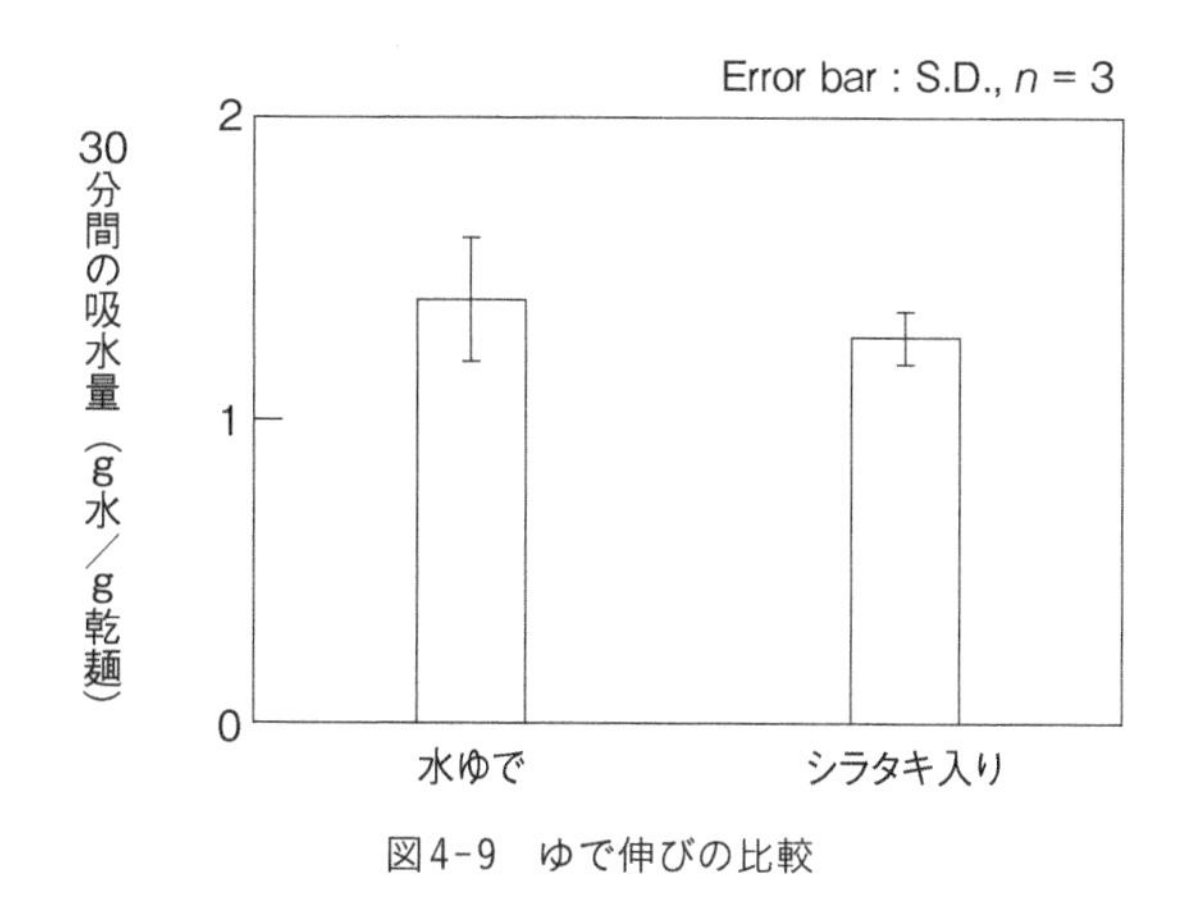

図4-9　ゆで伸びの比較

みることにしました。即席麺ならずとも中華麺は調理完了後に、少しずつ麺に汁が浸み込んでいき、歯ごたえのない麺に変わっていきます。塩基性の水でゆでることで、調理後の麺の伸びがどれくらい異なるのかを調べてみました。

乾麺を、水とシラタキ入り水とでそれぞれゆでて、ゆで上がり直後の重さを量ります。それを商品に添付されている液体スープで作製したつゆに浸して30分放置します。この時、条件を同じにするため、容器ごと60℃の恒温槽に入れて一定温度にします。30分後麺を取り出し、よくつゆを切って重さを量ります。この重さからゆで上げ直後の重さを引くと、ほぼ30分で吸った水分の重さになると考えられるので、乾麺1gあたりの吸った水分の重さで両者の結果を比較してみました。水ゆでの場合よりもシ

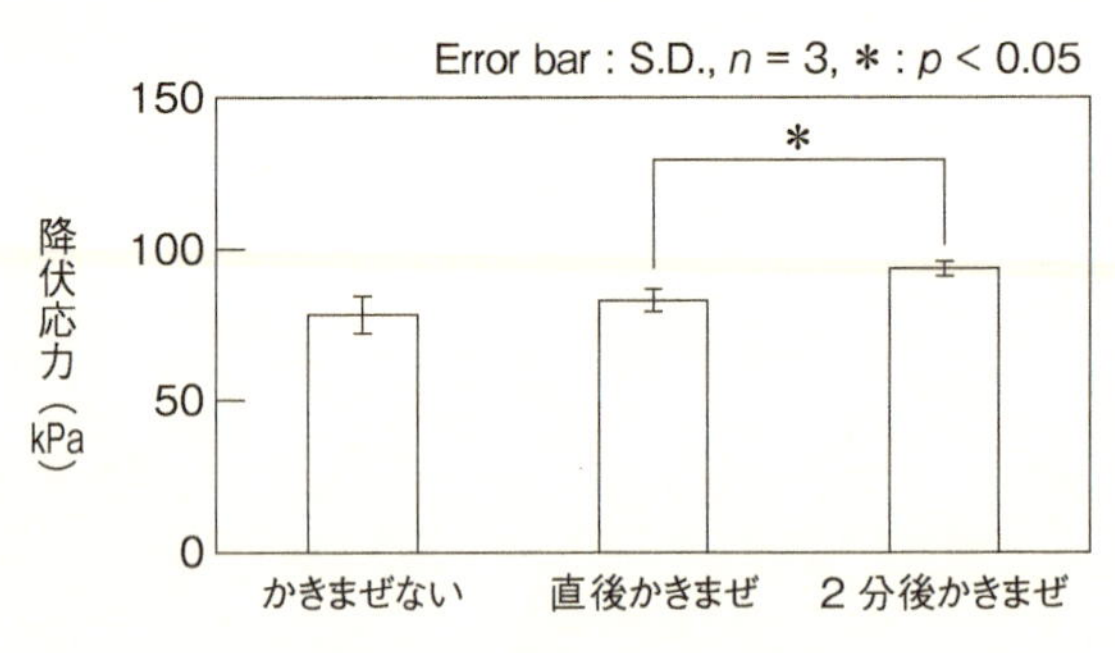

図4-10　即席麵をゆでる時のかきまぜるタイミング

ラタキ入りの方が、平均値で10％弱つゆを吸いにくくなっていますが、統計的な有意差があるほどではありませんでした（図4-9）。

そこで次に、即席麵をゆでる時は最初はあまりかきまぜない方がよいと述べましたが、実際にかきまぜのタイミングについて、麵の食感がどう変わるのかを実験してみました。

ゆで始めにかきまぜると麵を折ったり傷つけたりすることになり、その部分から湯が浸入し、全体としての麵の食感を悪くしてしまいます。一方、ゆでる間、かきまぜないと麵の塊の中心部分の温度が速やかに上がらず、ゆでが不十分となってしまいます。即席麵をゆでる時に「かきまぜない」「ゆで開始後すぐにかきまぜる」「ゆで開始後2分後にかきまぜる」の3通りで調理し、調理後のゆで麵を材料試験装置で破断試験を行いました。「かきまぜる」という操作は、菜箸で麺をほぐす操作を意味しています。実験に使用した即席麺の標準ゆで時間は3分です。応力－ひずみ曲線の降伏応力を比較してみると、ゆで開始直後にかきまぜた場合と、2分後にかきまぜた場合とで、有意な食感の差が現れました（図4－10）。

結論としては、ゆで始めてある程度時間がたったところでかきまぜると嚙みごたえがよくなることがわかりました。即席麺を少しでも早く食べたいという気持ちはよくわかりますが、できるだけ麺をやさしく扱うようにしましょう。

4-5 チルドうどんと電子レンジ

うどんは乾麺だけでなく、冷凍麺や生麺タイプのものもあります。一方、昔ながらのゆでた状態で売られているうどんもあります。「チルドうどん」「袋入りゆでうどん」「玉うどん」などと呼ばれて、非常に安価でゆで調理済みですので、少し温めて熱々のだし汁に入れればできあがりという手軽さが最大の長所です。しかしながら歯ごたえがほとんどなく、うどんを食べているという感じがしません。

そこで、電子レンジを使ってチルドうどんの食感をよくすることができないかという実験をしてみました。

実は、小麦粉食品に電子レンジ加熱というのは好ましくないことが知られています。パンや麺を電子レンジで温めてみるとわかりますが、段ボールを噛むような食感になることがあります。これは、小麦粉生地や食品に弾力性や粘り気を与えているグルテンから水分が蒸発してしまい、硬くなってしまうからです。もともとの小麦胚乳部のタンパク質は硬いのでその状態に戻ると考えられます。

したがって、最適な電子レンジ加熱条件というのがあるはずです。ここでは、ゆで時間1分タイプのチルドうどんを試料として、標準のゆで時間1分でゆでたもの、電子レンジ500Wで30秒加熱したもの、1分加熱したもの、2分加熱したものについて、材料試験装置で破断試験を行いました（図4-11）。電子レンジ加熱の効果は、2分くらいで現れ、通常の1分ゆでに比べて、歯ごたえの指標となる降伏応力は約1・5倍となりました。これ以上の電子レンジ加熱を行ってみると、麺に硬い部分ができてしまいました。

小麦粉食品を電子レンジ加熱するとグルテンやデンプンから水が蒸発し、食感が損なわれる

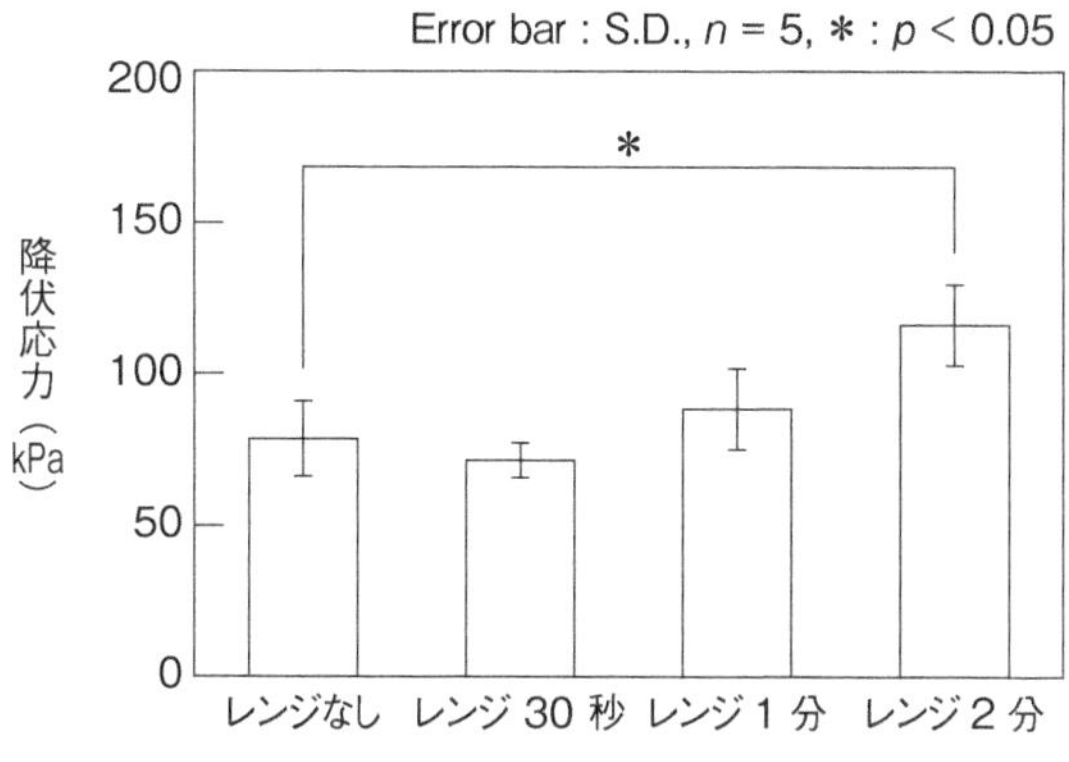

図4-11　チルドうどんの電子レンジ加熱の効果
（うどん量：50g、電子レンジ500W）

ため、好ましい加熱法ではないとされてきましたが、うまく使ってやることで、うどんの歯ごたえを向上させることができることがわかったわけです。

チルドうどんの電子レンジ加熱で重要なのは、ゆでうどんは多加水麺である、という点です。多加水麺とは、これ以上水分を吸収しないくらい水分を加えて製造したものです。第1章で小麦粉食品の弾力性を発現しているのはグルテニンである、というお話をしました。グルテニンはひも状の分子構造をしており、ひもとひもの間に水分子が入ることにより弾力性が発現します（図4-12①）。チルドうどんのように多加水麺にするとグルテニンの周りに水分子があふれ、弾力性の構造が損なわれます（図4-12②）。そこで、電子レ

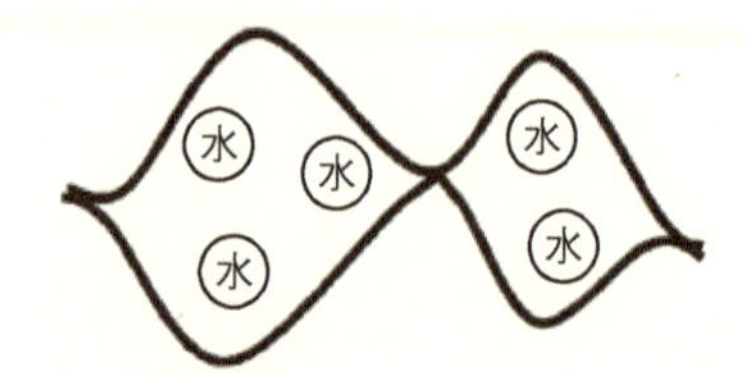

①　適度な弾力性を示しているグルテニンの分子構造

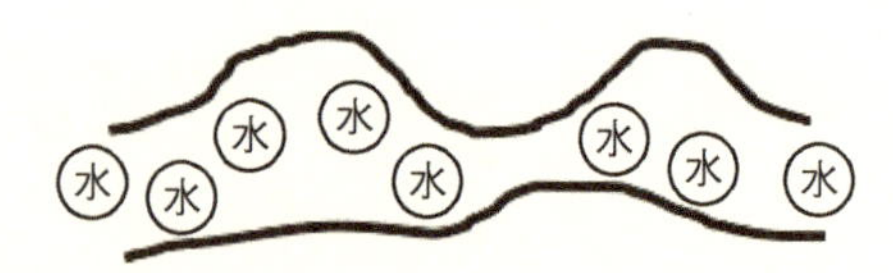

②　多加水麺のグルテニン

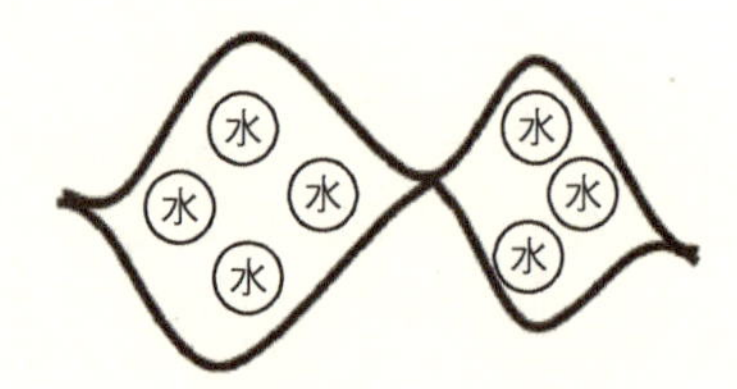

③　電子レンジ加熱で適度に水分を蒸発させたグルテニン

図4-12　電子レンジ加熱によるグルテニンの弾力性回復（イメージ）

ンジ加熱を行い、グルテニン分子から適度に水分子を追い出してやると、多加水前の弾力性が戻ってくるわけです（図4－12③）。ところが電子レンジで加熱し過ぎると水分子が蒸発し過ぎて、ひも状のグルテニン分子がピタッとくっついてしまって、乾燥した小麦粉の分子状態になってしまうため硬くなるのです。

このように通常のゆで方ではブヨブヨの食感だったチルド麺が、電子レンジ加熱を行うことにより歯ごたえが増し、乾麺をゆでた食感になることがわかりました。十分に加熱調理ができているので、そのままだし汁に入れて食べることができます。ただ、長すぎる加熱によって麺に硬い部分ができないように、うどんのグラム数、電子レンジの出力（ワット数）などによって多少加熱時間の調整が必要ですが、ぜひ試してみてください。

4-6 冷凍麺のおいしさの秘密

近年の冷凍食品の普及はめざましいものがあります。麺類でも、スパゲッティ、うどんに代

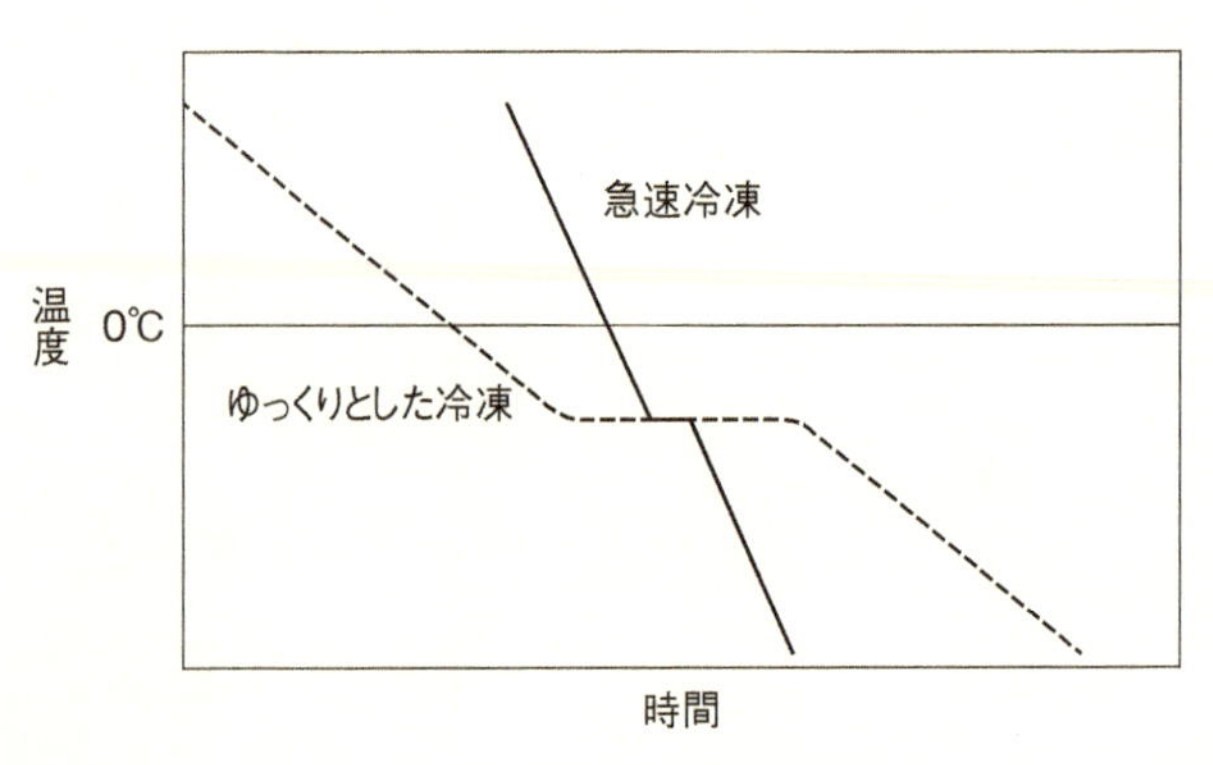

図4-13　食品の冷凍曲線

表される冷凍麺はかなりおいしく、しかも簡単に食べられます。しかしせっかくおいしく食べられる冷凍麺を、取り扱いを間違えた結果「冷凍麺ってこんなもの？」ということにならないように、ここでは食品の冷凍・解凍の仕組み、冷凍をうまく使っておいしくする方法についてお話ししたいと思います。

まず冷凍についてです。

ゆで上げた麺を冷凍庫に入れると、麺の温度はだんだんと低下していき、ついには凍結します。図4-13はその様子です。水はだいたい0℃で凍結しますが、麺は水以外のものが入っていますので、凍結するのは0℃以下です。これを科学の分野では凝固点降下と呼んでいます。ゆっくり冷やしていく場合、凍結がはじまるとみかけ上、温度一定の領域が現れます。これは加えた熱量が水から氷に変化することに使われるからです。この一定温度領域が長ければ長いほど氷の結晶が成長するため、麺の食感に関わるグルテンが切断されてしまいます。

つまりこの一定温度領域が短時間になるように冷やすことで麺の食感を損なわずに冷凍することができます。これを実現しているのが急速冷凍機と呼ばれる冷凍機です。急速冷凍機はショックフリーザーとも呼ばれます。冷凍庫の内部はマイナス40℃からマイナス30℃に保たれていて、さらに食品に向かってファンを用いて風を当てることで、急速な温度低下を実現し、一定温度領域を速やかに通過できるという利点があります。

一方、家庭用の冷凍庫は多くの場合、マイナス20℃に設定されていることが多いのではないでしょうか。このマイナス20℃という温度は、決して冷凍食品の食感のために設定されているのではなく、すべての微生物、酵母、カビの生育下限温度がマイナス18℃であるからです。

少し冷凍食品の弁護をすると、冷凍食品は添加物だらけだという話が巷間でささやかれていますが、そもそも冷凍食品は微生物の生育限界温度以下で保管されるものですので、常温流通の加工食品に比べて添加物が多いというわけではありません。マイナス18℃以下では、健康への悪影響が指摘されている保存料が必要ではないからで、それも食品安全の面で利点といえます。

さらに、麺を冷凍する場合、最大の利点は、水分勾配を保ったまま保管できることです。つまりスパゲッティのアルデンテ、うどんのグルテニンの水分分布を保ったまま保管でき、これも食感を保つために魅力的なことです。この点も業務用の急速冷凍機で冷凍した場合にあてはまることであって、前述のように家庭用の冷凍庫で冷凍した場合は、氷結点で徐々に氷の結晶が成長しますのでご注意ください。

また、よくゆで上げて余った麺はどうしますか、という問いがありますが、そのまま捨てるのはもったいないので、次善の策として家庭用の冷凍庫で保管するという話をしています。ただ、この場合は冷凍食品と違って急速冷凍ではないので、それほど保管可能期間は長くないことをご理解ください。

次に、解凍についてお話しします。

皆さんはどのように冷凍された食品を解凍しているでしょうか。解凍方法には大きく分けて、自然解凍、直接沸騰水に投入、電子レンジで解凍、の3通りが考えられます。ここではそのいずれが冷凍麺の解凍方法に適しているか実験的に検証してみました。使用した乾麺（うどん）は標準ゆで時間7分のものです。ゆで上げ後流水で麺を洗うとともに、粗熱をとってマイナス80℃の超低温冷凍庫に保管します。1日経過後の①自然解凍：室温で1時間放置して解

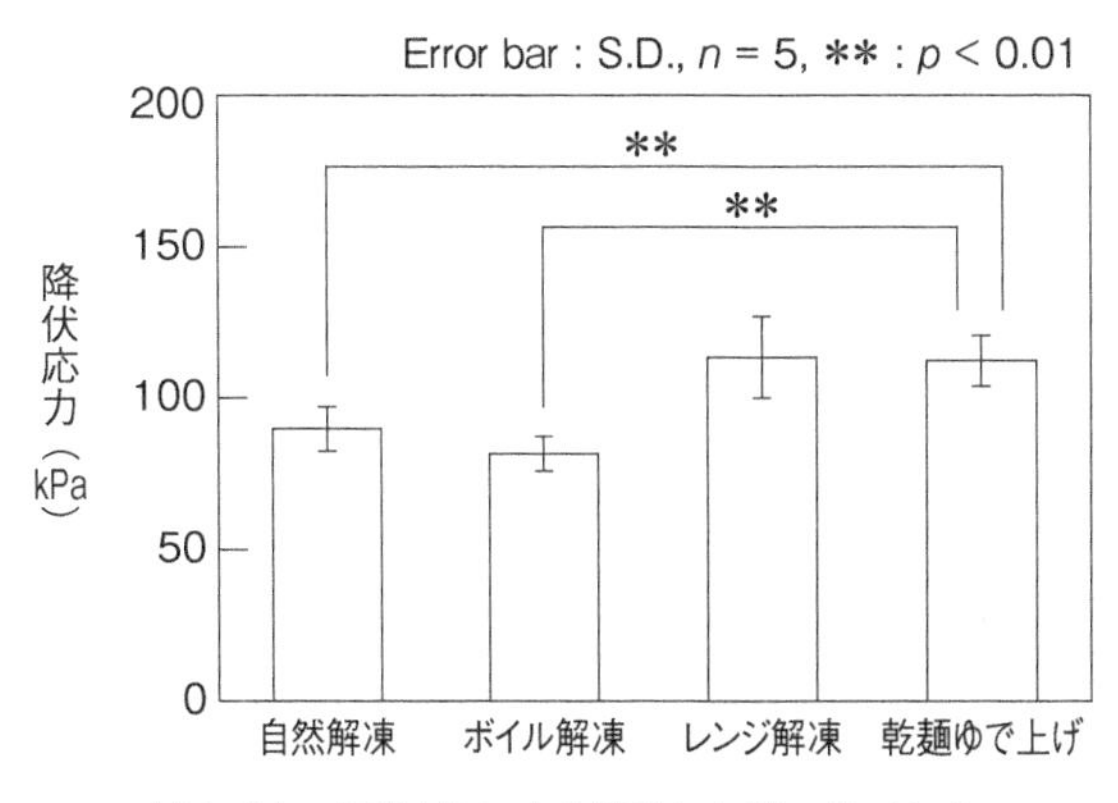

図4-14　各種方法により解凍した麺の歯ごたえ

凍、②ボイル解凍：冷凍麺を沸騰水中で30秒ゆでる、③レンジ解凍：電子レンジ（６００Ｗ）で15秒加熱、および④何も手を加えていない通常の乾麺をゆで上げ、の４条件の麺を試料として、材料試験装置で破断試験を行いました（図４-14）。結果は明確で、電子レンジ解凍麺は乾麺ゆで上げと同等、室温解凍およびボイル解凍は20％から30％近く歯ごたえが弱くなっていることがわかります。

このような結果により、解凍時にできるだけ速やかに氷結晶が生成する温度帯を通過させることが麺の食感を維持するのに適していることが分かります。またボイル解凍は、今回沸騰水中で30秒という短時間で解凍しましたが、それでもどうしても余分な水分が麺に加わり、食感がソフトになったものと考えられます。一方、電子レンジで解凍したものに弾力性が戻る理由は、次の2つが考えられます。まず電子レンジが中心部分も同等に加熱できることから麺全体の温度を速やかに上げることができること、それから前節のチルドうどんのところでお話ししたように、電子レンジ加熱により、過剰気味になっていたグルテニン中の水分子が適度に揮発することです。

そういえば最近の冷凍パスタ製品は、電子レンジでの調理時間が指定されているものが多いように感じます。食品メーカーでは、このような実証試験により最適な調理法を提案していると思われます。

4-7 うどんの歯ごたえを増す裏技

この章のいくつかの節では、麺のpHを塩基性にすることでグルテンが強化され、食感が強くなるという中華麺の原理に基づいて、重曹やコンニャクから溶け出す水酸化カルシウムを利用してゆで水を塩基性にして、麺の食感を変える技をご紹介してきました。

図4-15　梅干しでゆで水を酸性に

生地やゆで水を塩基性にするとグルテンタンパク質の中のグルタミンやアスパラギンが脱アミド（図1-10参照）を起こし、グルタミン酸やアスパラギン酸に変化することでグルテン内の結合の手が増えて、グルテンが硬くなるという原理に基づいています。

それならば、ゆで水を酸性にすれば、脱アミドと反対の現象が起こりますから、麺は軟らかくなり、ソフトな麺ができるはずです。その検証をしてみたいと思います。

ゆで水を酸性にする方法はいくつもありますが、ここでは風味に優れた梅干しを使いたいと思います（図4-15）。梅干しの酸味の正体はクエン酸です。梅干しを水に入れてゆでると、クエン酸が溶け出し酸性になります。

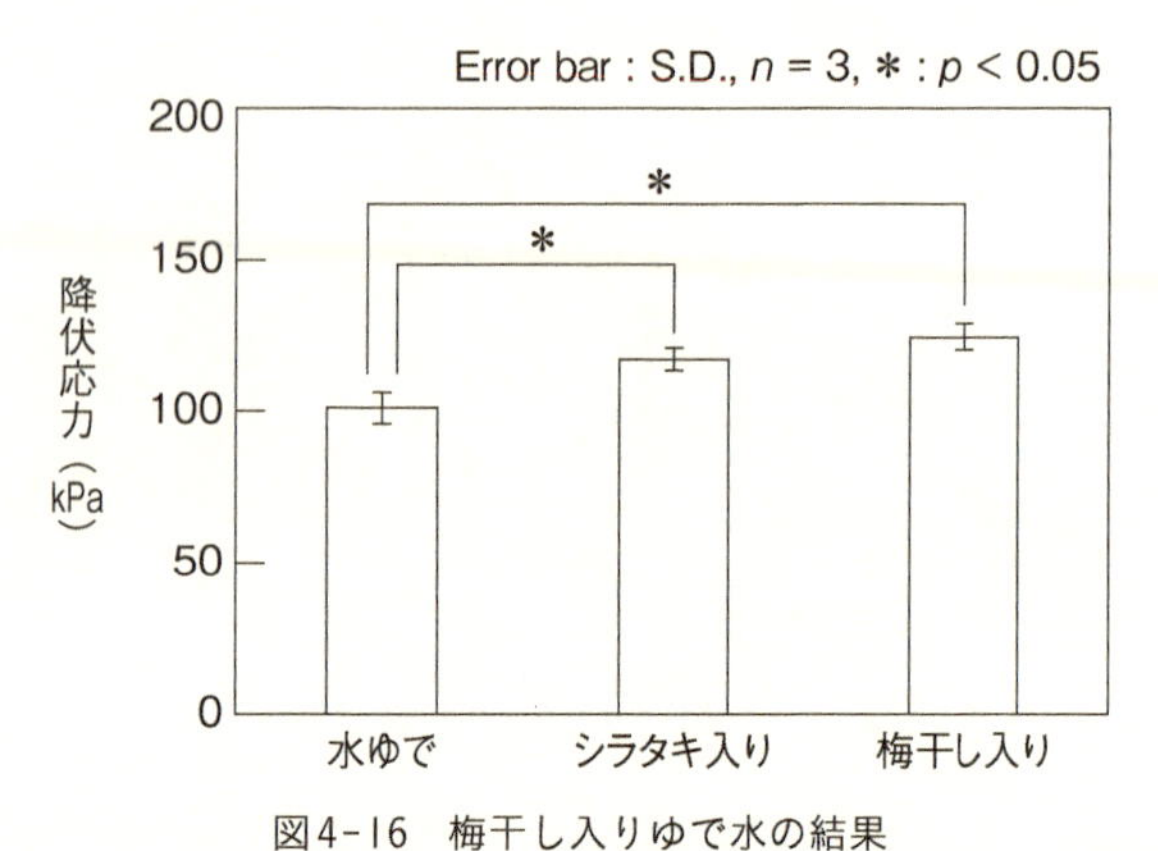

図4-16　梅干し入りゆで水の結果

梅干し中粒2個を1ℓの水に入れ沸騰させた後、うどんの乾麺をゆでます。実験に使用したうどんは埼玉県産の小麦が原料の乾麺で、標準ゆで時間7分と記載されていました。水で7分ゆでた麺と、梅干しを入れた水で7分ゆでた麺との破断試験を行い、歯ごたえを表す降伏応力の比較を行いました。また比較のために、シラタキを入れた水でゆでた麺の破断試験も行いました。梅干しを入れたゆで水のpHは4・8（25℃）、シラタキを入れたゆで水のpHは10・5（25℃）でした。

結果は、図4-16のように、麺の歯ごたえが増すことはすでにわかっている塩基性の水でゆでた場合と同様に、酸性側でも歯ごたえが増すことがわかったのです。

グルテンだけを考えると、酸性条件ではグルタミン酸がグルタミンに、アスパラギン酸がアスパラギンに変わるので、グルテン組織は軟らかくなり、その結果として、降伏応力は低くなるはずです。つまりグルテンの性質変化だけでは説明できないことになります。

そこでデンプンについて調べてみました。食品総合研究所（当時）の柴田茂久博士は、中性よりも少し酸性条件（pHが４から６）において、麺からのデンプンの溶け出しが少なくなることを示しています。ゆで溶けが少なくなる結果、麺の重量損失が少なくなり、強度が向上したと考えられます。つまり、酸性条件での、グルテンの構造軟化よりもデンプンのゆで溶け減少効果の方が大きく、麺の強度に寄与していることを意味します。梅干しを入れて麺をゆでた後のゆで水は、水でゆでた場合よりも透明度が高いことからも、ゆで溶け減少効果が高いことがわかります。

梅干しと一緒に麺をゆでると歯ごたえのある食感になることがわかりましたが、梅干しはそれ自身食欲をかき立てる食品です。皿に盛ったうどんにゆで水に残った梅干しを添えると、見た目にもおいしい冷やしうどん料理のできあがりです。

また、ある製麺会社の技術者にうかがったところ、うどんに梅干しの果肉を練り込むという技があるとのことでした。その技術者によると、風味づけに加えて、麺の歯ごたえを強くする効果をねらっているそうです。

4-8 スパゲッティをゆでるとき食塩を入れますか？

スパゲッティのゆで方のレシピ本をみると、スパゲッティはたっぷりのゆで水に食塩を一つかみ入れ、沸騰状態でゆでます、と書かれています。食塩を入れる理由としては、麺の歯ごたえが増す、１００℃よりも高い温度で調理ができる、調理後に水分がソースに移行しない、麺に味をつけるといったことが書かれています。

そもそもスパゲッティを製造する時は、食塩を添加しません。うどんでは製麺時に、ゆで麺の歯ごたえを強化するため食塩を練り込みます。この違いはなぜでしょうか。うどんに使用される小麦粉はタンパク質含有率（粗タンパク質量）が９％程度の中力粉が使われますが、スパゲッティはタンパク質含有率が13％程度のデュラム小麦粉が使われます。デュラム小麦粉はそれ自体タンパク質含有率が高いので、あえて食塩を加える必要がありません。

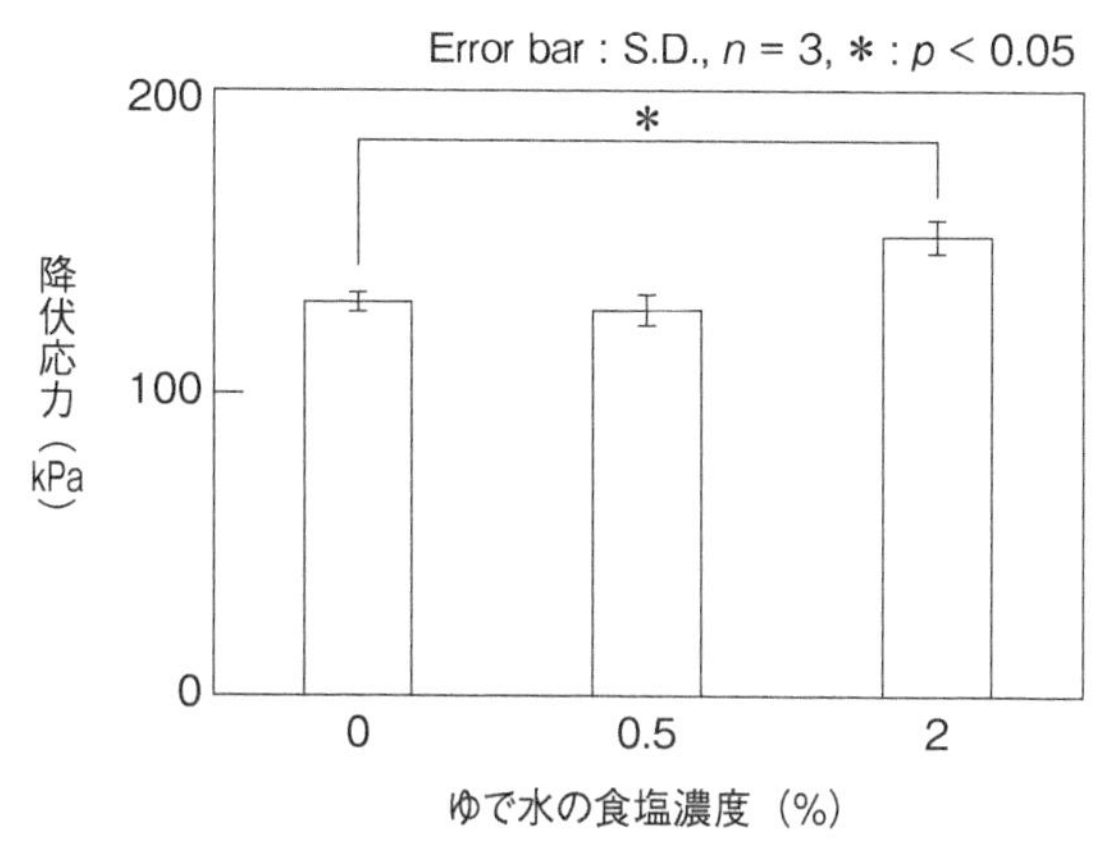

図4-17　食塩濃度とゆで上がったスパゲッティの降伏応力の比較

スパゲッティをゆでる時に、食塩を入れるとスパゲッティの食感が変わるか実験を行ってみました。使用したスパゲッティは国産の普及品を使いました。ゆで水の条件は、食塩ゼロ、つまり真水を使った場合、食塩を水に対して0・5%入れた場合、さらに2%入れた場合としました。0・5%濃度というのは、水1ℓあたり5gの食塩を添加することを意味します。食塩5gはだいたい小さじ1杯くらいです。一方、2%濃度というのは、1ℓあたり20gの食塩を添加することを意味します。これは1ℓの水に大さじ1杯強の食塩を入れる計算になります。実際に舐めてみるとかなり塩からい食塩水です。海水の塩分濃度が3・5%程度ですから、かなり濃い食塩濃度ということができます。

この3種類のゆで水で、標準時間ゆでた後、材料試験装置を用いて破断試験を行い、歯ごたえを表す降伏応力を比較しました（図4−17）。

食塩濃度0・5％程度では、水でゆでた時と降伏応力は変わりません。2％という高い食塩濃度になって初めて15％以上歯ごたえが増すという結果になりました。したがって、食塩添加の効果として、小さじ1杯程度では歯ごたえの強化にはならないというのが結論です。食塩濃度2％では有意に歯ごたえが増しますが、塩からくなり家庭料理にはおすすめしません。

2番目の100℃よりも高い温度で調理ができるという説明についてです。これは水に食塩や砂糖などの揮発性のない物質を溶解させると、水分子がこれらの物質に束縛されて蒸発しにくくなり、結果として沸点が上昇するという原理に基づいています。確かに高温でゆでれば、タンパク質変性がしっかり起こって麺の歯ごたえを増す効果が期待できます。また、同じゆで上がりにすることを考えると、調理時間の短縮にもつながります。しかしながら、食塩濃度0・5％での沸点上昇はたかだか0・1℃程度ですので、タンパク質の熱変性も調理時間の短縮も期待できないと思われます。

3番目の調理後にソースに水分が移行しないという説明ですが、これは、ソースと麺の間で塩分濃度に差がある場合、濃度の高い方に水分が移行するという浸透圧の原理に基づいています。これも、0・5%のゆで水でゆでた時のスパゲッティの内部の塩分濃度は、水でゆでた時とほぼ同程度であると考えられますので、水でゆでた時と状況は変わらないと思われます。また浸透圧により水が移動する速度はゆっくりとしたものであり、時間単位の現象ですので、調理後、おそらく30分以内に食べるスパゲッティにとっては、あまり関係のない要因であるということができます。

4番目の、麺に味をつける、という説明ですが、0・5%程度の塩分濃度では麺の味に変化があるとも思えませんし、スパゲッティは麺だけで食べる料理ではなく、ソースと絡めて食べる料理ですので、ソースとの組み合わせで味を考えることが大切なのだと思います。

多くのスパゲッティ料理の本には、当然のようにゆで水に食塩を加えることが書かれていますが、以上の実験結果から、食感という観点からいうと食塩添加に意味はないという結論に至りました。もちろん風味づけに食塩を添加することを否定するものではありません。

4-9 パスタはゆでない方がおいしい!?

アルデンテとモチモチ感

近年わが国ではパスタ、特にスパゲッティが大人気です。スーパーマーケットでも海外産も含めさまざまな種類の乾麺が並ぶようになりました。スパゲッティは生麺と乾麺がありますが、通常、私たちの口に入るのは乾麺が多いと思います。

乾麺をゆで上げた時の食感のよさを表す言葉に「アルデンテ」が挙げられます。アルデンテというのは歯ごたえのある状態を示し、中心部分に水分の少ない領域を残した状態でゆで上げることを意味します。食品総合研究所（当時）の吉田充博士のグループは、ゆで時間を変えたスパゲッティの内部の水分分布をＭＲＩ（核磁気共鳴イメージング）で測定し、最適ゆで時間でも中心部分に水分の少ない領域があることを示しました（図4-18）。Ａは、ゆで時間２分

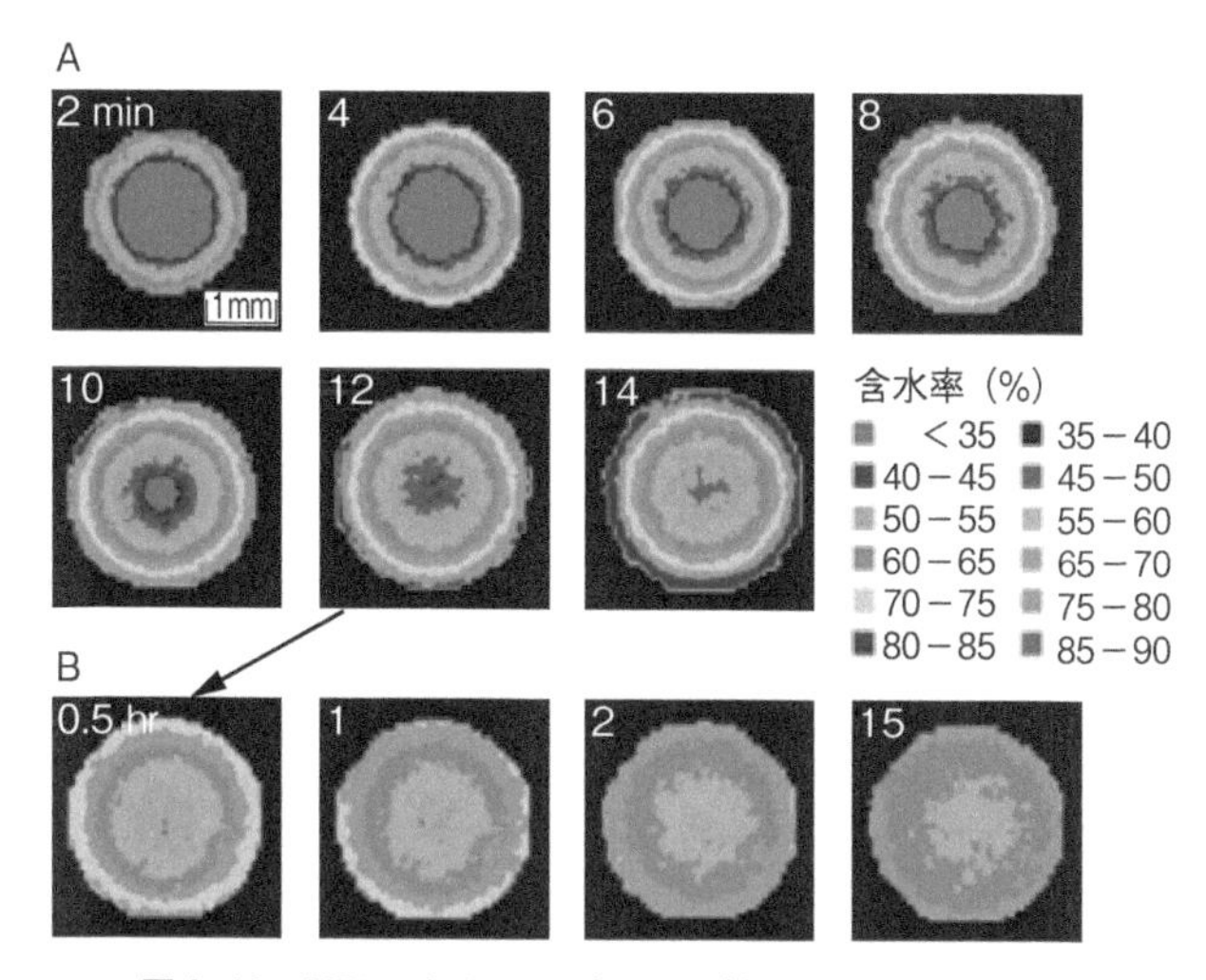

図4-18　MRIによるスパゲッティ断面の水分分布の測定

から14分まで2分間隔で水分分布を測定した結果です。この図では、ゆで時間12分で、中心部分に水分の少ない領域が残っていますが、ゆで時間が14分になると水分の少ない領域がほとんどなくなっていることがわかります。また、Bは、12分間ゆでた麺を湯を切った状態で置き、その後の水分分布の変化を追ったもので、30分間経過すると中心部分の水分の少ない領域はなくなっていることがわかります。

スパゲッティの中心部分の水分の少ない領域は、うどんや中華麺にはないもので、さらには生スパゲッティでもみられません。つまり乾麺ゆで上げスパゲッティの食感の重要な要因であるということができます。

このアルデンテの食感を出すためのスパゲッティのゆで方は、ほかの麺のゆで方の基本と同様、たっぷりの水を沸騰状態にして、あまりかきまぜないでやさしくゆでることです。食塩が不要であることは前節でデータをもとに説明しました。繰り返しになりますが、一般の麺での食塩の主な効果は、小麦グルテンの強化とゆで溶けの防止です。小麦グルテンの強化は食塩を麺に練り込まないと達成できません。またゆで溶けについては、うどんの場合は顕著に現れますが（4-7節参照）、スパゲッティの場合は多く含まれるタンパク質がデンプンを取り囲んで、塩なしでもゆで溶けを抑制していると考えられるからということでした。

ところでスパゲッティのアルデンテの食感が好ましいと感じる人は多いと思いますが、一方で米の食文化があるわが国では、モチモチ感を好む人も多いと思います。第1章で小麦デンプンは過剰な水分で粘り気を示し、適度な水分ではモチモチ感を発現することを示しました。ここでは、アルデンテだけでなく、モチモチ感のあるスパゲッティの調理法をご紹介したいと思います。

まず、スパゲッティの前に、小麦粉食品でモチモチ感を出す調理法について、なぜかここで焼き餃子を取り上げてみたいと思います。

図4-19　焼き餃子を焼く時に注ぐ熱湯

スパゲッティを語るには餃子から

というわけでパスタから一度話は離れますが、ここで筆者がよく作る餃子の料理を紹介します。

まずフライパンに薄く油を引き、餃子を並べて底面に焼き色を付けます。その後、餃子の背丈の半分くらいの熱湯を注ぎ、直ちに蓋をして蒸し調理に入ります（図4-19）。水分がほとんどなくなったところで、蓋を開け、油を注ぎ、水分でソフトになった底面を再度カリッとした食感に仕上げます。この作り方の重要点は、注ぐのは水ではなく熱湯であることです。熱湯を注ぐと直ちに水蒸気になり、蓋をしておくことで、十分に蒸し調理が進行します。この蒸し調理により、餃子の上面が水蒸気によってモッチリとした食感となり、底面のカリッと感とセットで焼き餃子のおいしさを構成します。室温の水を注ぐと、場合によっては、上面がグズグズの食感になってしまいます。

さて、そこでスパゲッティです。この「水蒸気によるモチモチ感の発現」がスパゲッティでもできるのではないかという発想です。適度な水分により餃子の上面がモチモチ食感になるというのは、デンプンの基本的な性質です。だからスパゲッティでもできるのです。名づけて「水蒸気調理法」。もちろん蒸し器を使うような面倒なことはせず、餃子と同じように熱湯を注ぐという方法でスパゲッティを調理したいと思います。

スパゲッティを水蒸気調理法で簡単においしく!

スパゲッティの水蒸気調理法は、試行錯誤の結果、フライパンに400ccの水を入れて、沸騰させたところで、スパゲッティ乾麺100gを入れて標準時間調理する方法がいいという結論に達しました。

一般的なスパゲッティの乾麺は、フライパンからはみ出るほどの長さなので、半分に折って水が沸騰しているフライパンに乾麺を入れます。ここでは太さ1・7㎜の乾麺を使いました。乾麺を入れたら直ちに蓋をします。このくらいの少ない量の熱湯では、標準のゆで時間（この場合は乾麺の袋に書いてある8分）がたつと、水分はだいたい蒸発してしまいます。ちなみに調理中に蓋を開けてみると、図4－20に示すように盛んに沸騰が続いていることがわかります（この写真は、あくまでも内部の状態を皆さんにお見せするためのものであり、調理完了までは蒸し調理を確実にするため、蓋を開けてはいけません！）。

図4-20　少量の水によるスパゲッティ乾麺の蒸し調理

できあがりを試食してみると、確かにモチモチ感が感じられ、通常のスパゲッティとは異なる食感でした。少量の水で調理しているため、麺同士がくっつきやすそうでしたが、実際にはそれほどくっつかず皿に盛る時もそれほど苦労しませんでした。

ただここで、モチモチ感はあってもアルデンテの状態でなくなってしまうといけないという問題があります。そこで、通常の水でゆでたスパゲッティと蒸し調理スパゲッティの断面を光学顕微鏡で観察してみました（図4－21）。

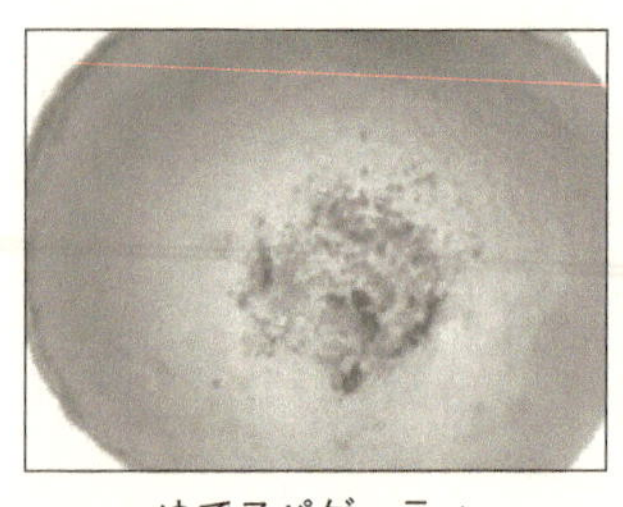

ゆでスパゲッティ

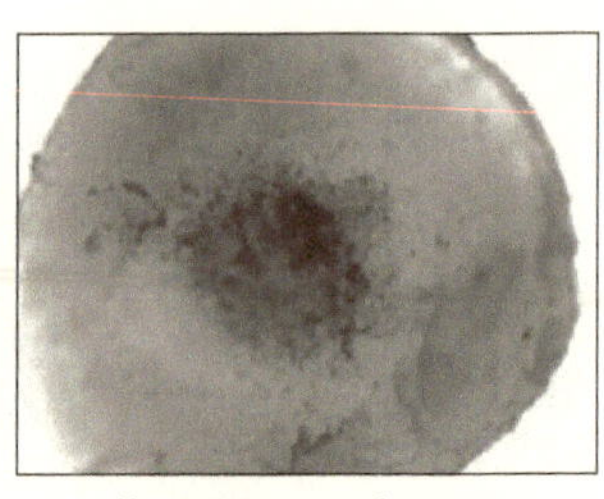

蒸し調理スパゲッティ

図4-21　ゆでスパゲッティと蒸し調理スパゲッティの断面の光学顕微鏡写真

中心部分の比較的黒い部分が水分の少ない領域で、これが残っているとアルデンテを感じることになります。蒸し調理スパゲッティでも水分の少ない領域が明瞭に残っています。表面はモチモチしていて、中心部分にアルデンテを感じるスパゲッティになっているということができます。

フライパン蒸しスパゲッティの利点

スパゲッティのフライパンでの蒸し調理は、モチモチ感を増しつつアルデンテの状態になるということがわかりましたが、実は利点はそれだけではありません。

ソースをかけてみてわかったのですが、麺とソースの絡みがたいへん良好です。スパゲッティの品質の指標として、ゆで麺のソースとの絡みがよいかどうかも評価の一つになります。イタリア製の乾麺で、ジュゼッペコッコやディチェコといった高品質品と位置づけられている麺は、製麺時に青銅（ブロンズ）製のダイスを使って押し出して製造されるため、青銅の摩擦係数の大きさから麺の表面がザラザラになり、ソースとの絡みがよいとされています。一方、イタリアのシェアNo.1メーカーであるバリラはダイスの穴の内面をフッ素樹脂加工しているため、摩擦係数が小さく、滑らかな乾麺ができ、青銅製のダイスで押し出した乾麺に比べてソースとの絡みが劣るとされています（図4-22）。ただし、フッ素樹脂加工した穴から押し出した麺が悪いわけではなく、摩擦係数が小さいために、安定して大量生産に向いているなどの利点があります。

実際にトマトソースと絡めてみると明らかに、ゆでスパゲッティに比べて蒸しスパゲッティはよくソースが絡むという感触を得ました。しかし実際に麺をトマトソースに絡めてどれくらい麺にソースが付着するかを測定してみましたが、バラツキが大きすぎてまったく比較できませんでした。そこで、ソースの代わりにモデル物質としてガラスビーズを麺に付着させてその重さを測定し、麺1gあたり何gのガラスビーズが付着するかを測定してみることにしました。

ガラスビーズは道路標識に使われているもので、ここでは0・1㎜のサイズのそろったものを使用しました。0・1㎜というサイズにしたのは、付着力と自重を比べると自重の方が大き

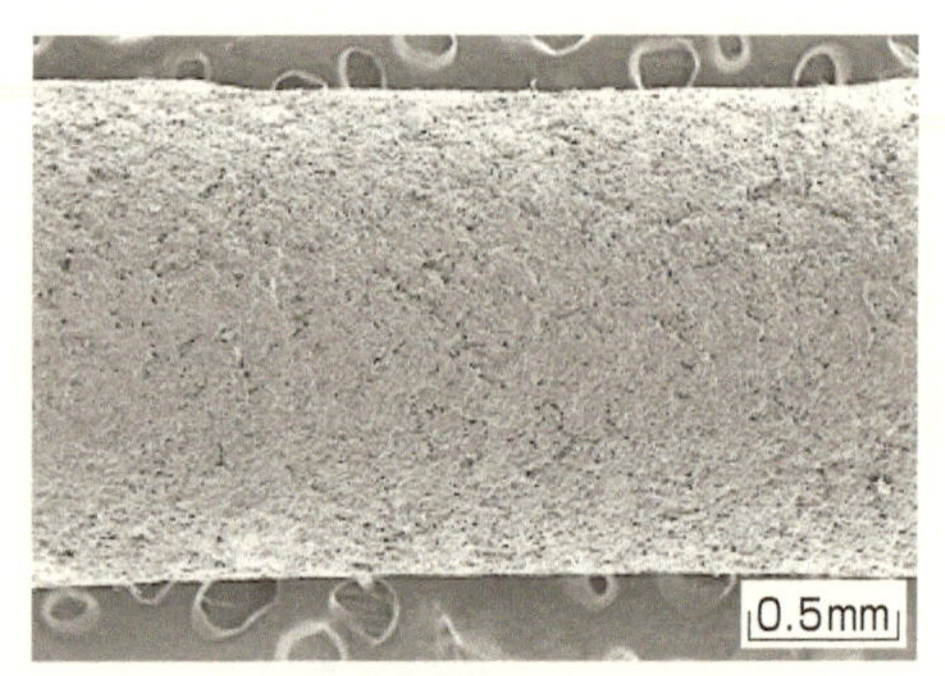

青銅製ダイス

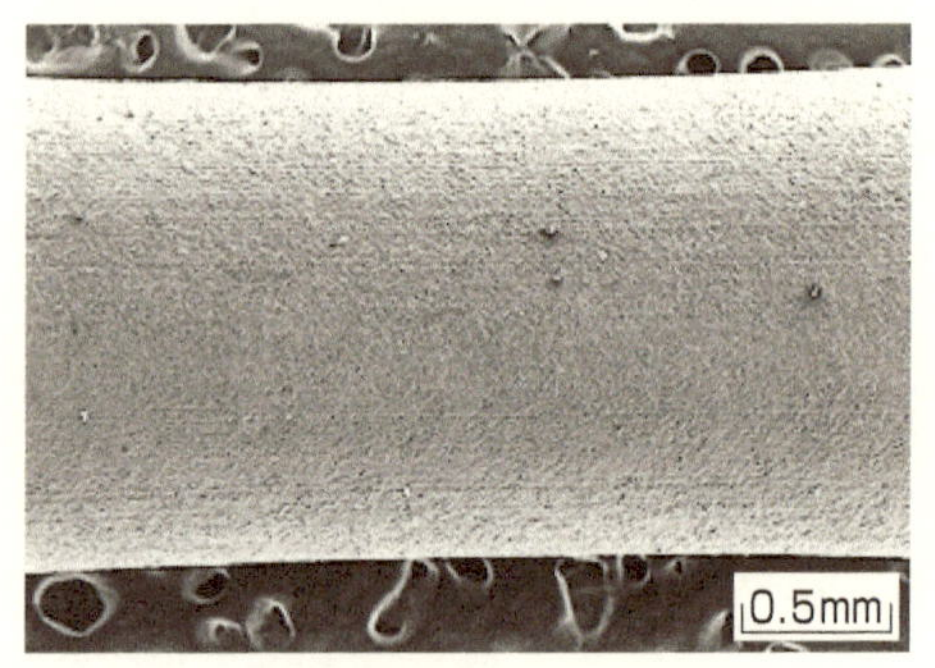

フッ素樹脂加工ダイス

図4-22　ダイスの材質によるスパゲッティ表面性状の違い

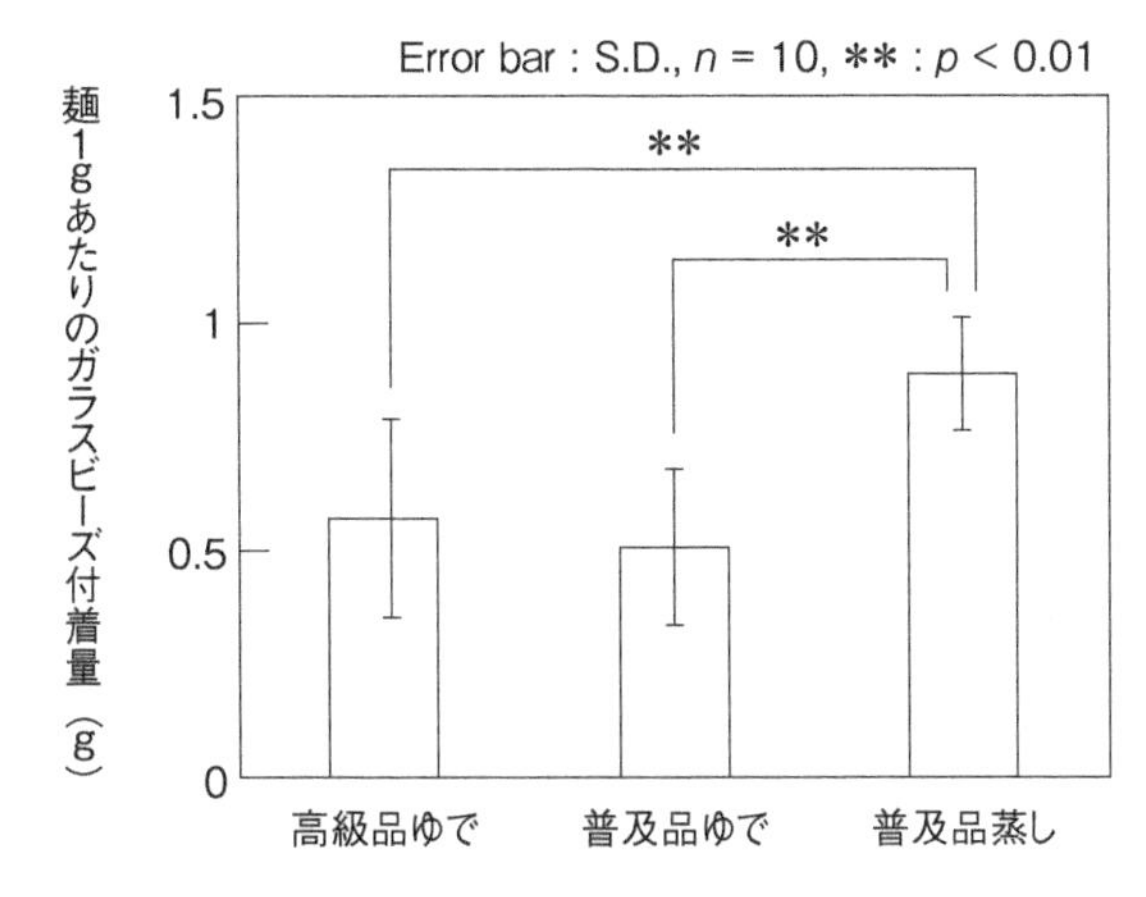

図4-23　ガラスビーズを用いた麺表面の付着性評価

く、かつ、できるだけ小さいサイズであるという観点からです。図4-23は、青銅製ダイスで押し出した高級品をゆでたもの、フッ素樹脂でコーティングしたダイスで押し出した普及品をゆでたもの、および同じく普及品を蒸し調理したものについての結果です。ゆでスパゲッティ同士でみると確かに平均値では高級品の方が、ガラスビーズが多く付着する傾向にあります。ところが、普及品を蒸し調理した場合のガラスビーズ付着量は突出して多いことがわかります。

蒸し調理をしたスパゲッティはなぜ、このようにたくさんのガラスビーズが付着するのでしょうか。それは、麺のゆで操作では、デンプンが水に溶けだしますが、蒸し調理では、いったん溶けだしたデンプンが加えた水が蒸発することによって再び麺の表面に戻ってくるからです。これにより麺の表面には、糊状のデンプンの層が形成され、ガラスビーズをたくさん付着することができたわけです。ソースの絡みという観点からいうと、蒸し調理をすることによって、普及品であっても高級品のゆで麺よりも高品質になることがわかりました。

もう一つ、スパゲッティの蒸し調理の利点として、水の節約と環境にやさしいという点が挙げられます。通常のスパゲッティのゆで方はたっぷりの水を使うことになっていますが、今回提案した方法は、100gの乾麺を400ccの水で調理するというものですので、水資源の節約、また、デンプンの溶けた排水を抑えることで環境負荷低減につながるはずです。

そこでどれくらい環境負荷低減につながるか評価をしてみました。わが国では、年間28万tの乾麺（マカロニを含む）が消費されています。200gの乾麺を4ℓの水でゆでるとすると、使用する水は560万tにもなります。わが国の上水使用量は年間150億tですから、スパゲッティのゆでに対して消費する水は全体の0・04%です。スパゲッティの乾麺だけでこれくらいの資源節約になるというのはすばらしいと思います。こんな側面から調理を考えることがあってもいいのではないでしょうか。

4-10 麺の香り

小麦のにおい分析

2-2節のうどん・きしめんのところで、国産小麦「さぬきの夢2000」が、その野性的な風味のために、うどん通に熱狂的に受け入れられた、とお話ししました。ただ、生産量が少なかったためか、「さぬきの夢2000」と言いながら実は豪州産小麦ASWを使っていたという事件が起こりました。ASWを挽いたうどん用小麦粉は、製麺しやすく、うどんの色調、食感ともに優れているため、何も国産と偽らなくてもよいのにと思いましたが、これをきっかけとして筆者はうどんの風味に関心を持ち、その後、埼玉県産業技術総合センターの小島登貴子博士のグループと風味に優れた国産小麦の開発をテーマとして取り組むことになりました。

埼玉県では長年「農林61号」という国産のうどん用小麦品種が主流でしたが、作付けされてから70年以上もたつため、品種の勢いが衰えて、単位面積あたりの収量が低下し、病害虫に対する抵抗性も弱くなっていました。そこで、新品種の開発が活発に行われるようになりました。

こうして埼玉県では「さとのそら」「あやひかり」といったうどん用の新品種が開発され、市場に出回るようになったのです。ところが一部のうどん通からこれらの新品種から作られたうどんは風味が弱いという声があがりました。そこで、「農林61号」をはじめとして、「さとのそら」「あやひかり」さらにはASWから作られたうどんのにおい分析を行うことにしました。

ヒトはにおいをどのように嗅ぐのか?

においというのは化学物質が鼻の粘膜にあるセンサーに結合して発生する微小電流が脳に届いて感じる現象です。たとえば麺では、数十種類の化学物質、パンでは百種類を超える化学物質、コーヒーでは数百種類を超える化学物質が発生していることがわかっています。ヒトの鼻の粘膜には千種類くらいのにおいを感じるセンサーが存在し、1つのセンサーには複数の化学物質が結合し、1つの化学物質は複数のセンサーに結合するという非常に複雑なセンシング機構を持っています。よく、においを嗅ぐと昔の特定の記憶がよみがえるということがあります

図4-24　におい分析用のガスクロマトグラフィー質量分析計

が、それはこのように無数の組み合わせから記憶と対応させているからだと考えられます。

食品のにおいを分析することをにおい分析といいます。原理的にいうと、食品から揮発する化学物質を全量捉えて、その割合を正確に分析すればよいのですが、残念ながら分析装置の感度は、まだヒトの鼻の能力に追いついていません。

現在、におい分析の主流は、ガスクロマトグラフィー質量分析計（GC／MS）です。GC／MSはガスクロマトグラフィー（GC）と質量分析計（MS）を組み合わせた分析装置です。図4-24は筆者の研究室で使用しているGC／MSです。写真には3つの箱が見えますが、真ん中の箱がGCです。一番右側は、自動サンプリング装置です。密閉したガラス瓶に食品試料を入れておき、一定温度で保温することでガラス瓶の中をにおい物質で満たします。

においい物質は、物質によって低濃度でも強く感じたり、高濃度にならないと感じない物質があったりして、におい物質の組成とヒトの感じ方には少し違いがあります。そこでにおい物質ごとにヒトが感じる限界（官能閾値といいます）を求めておき、その官能閾値に対する測定値の比率でヒトの感性に近いにおい分析結果を整理するという方法論があります。

ここでは、そういったにおい物質の分析を通じて、輸入小麦と国産小麦のにおいの違いを明らかにするだけではなく、脂質の酸化メカニズムなどとの関連性を考察するための分析も解説し、筆者らのグループの成果をご紹介します。

穀物の香りの正体

豪州産小麦を挽いた小麦粉（ＡＳＷ）と国産小麦「農林61号」を挽いた小麦粉にうどんを製造する時と同じように水と食塩を添加して生地を作り、図4-24のガスクロマトグラフィー質量分析計を用いてにおい分析を行いました。

まず、小麦の品種によらず、乾燥した小麦粉のみのにおい分析結果と比べて、生地のにおい分析結果は、大幅ににおい物質の種類と量が増えていることが特徴でした。どのような物質が増えているかというと、アルデヒド類やケトン類です。これらは不飽和脂肪酸が酵素の働き、あるいは空気中の酸素の働きで分解されて生成される物質であることがわかっています。酵素は水が存在すると反応が進むという性質を持っているため、乾燥した小麦粉に水を加えることによってこれらの物質が新たに生じたものと考えられます。

第1章でも述べたように、アルデヒド類の中で、小麦粉生地あるいは麺から検出されたアルデヒド類は、ヘキサナールやヘキセナールといった化学物質で、これらはよくいえばグリーンな（干し草のような）におい、悪くいえば青臭いにおいという特徴を持っています。そのようなわけでヘキセナールは青葉アルデヒドと呼ばれることがあります。これらのアルデヒド類は、不飽和脂肪酸が酵素の働きで分解されて生成することがわかっています。たとえば、リノール酸からヘキサナール、α-リノレン酸からヘキセナールが生成します。

不飽和脂肪酸を分解する酵素は小麦の表皮の近くに存在していますので、表皮を分離しやすい豪州産小麦よりも表皮が混入しやすい国産小麦の方がヘキサナールやヘキセナールによるにおいが強いということができます。

また、小麦粉には灰分（かいぶん）の少ない一等粉とそれよりは灰分の多い二等粉があります。灰分というのは、小麦粉を高温で燃やした時の残り物で、表皮にミネラル分が多いため、大ざっぱにいうと灰分が多いというのは表皮が残っていることを表しています。小麦粉に表皮が残っているということは、酵素も混入していることになりますので、一等粉よりも二等粉の方が、ヘキサナール、ヘキセナールの発生量が多く、これらのグリーンなにおいの効果で、一等粉から作られた麺よりも二等粉から作られた麺の方が、風味が強く感じられると考えられます。

また、品種による香りの差としては、国産小麦でも「さとのそら」や「あやひかり」は、「農林61号」よりもにおいが弱いという結果でした。もともと小麦の皮部はふすまと呼ばれ、悪臭物質であったため、ふすまを取り除くために段階式製粉法が構築されました。うどん用の小麦粉でも同じで、ふすまが効率的に取り除けるASWがうどん用に適していたことからASWがうどん用として主流となりました。国産小麦の主流だった「農林61号」は、皮部の脆性(ぜいせい)のためにふすまが混入しやすく、色が悪い、においがきついということでASWにその座を奪われましたが、うどん通に言わせると、その個性的な風味が好ましい、ということになるのですからヒトの好みはわからないものです。「さとのそら」や「あやひかり」は、風味が弱い豪州産小麦を目指して品種改良されたわけですから、当然の結果といえましょう。

このように、脂質を構成する脂肪酸に不飽和脂肪酸が多いこと、不飽和脂肪酸としては、オレイン酸、リノール酸、α-リノレン酸が多いことは植物の共通の性質といって差し支えなく、その結果、小麦では、豪州産小麦からのうどんよりも国産小麦からのうどんの方が、においが強いことがわかったわけです。このことは、スパゲッティでも日本蕎麦でも同じで、さらには大豆の青臭さも、キュウリやゴーヤの特有なにおいも、不飽和脂肪酸の分解によるアルデヒド類の生成によって引き起こされていることが、過去の多くの研究により明らかにされています。

においの濃度による感じ方については何度か触れてきましたが、におい物質は低濃度では、好ましい穀物のにおい、グリーンなにおいであるのに対して、高濃度になると青臭さ、刺激臭になります。植物が不飽和脂肪酸を分解してアルデヒド類を生成する酵素を持っている理由は、脂肪酸を代謝するためであるとともに、高濃度で刺激臭を持つアルデヒド類を生成して自分自身を守るためであるという考え方があります。昆虫でもカメムシは、触るとしばらく刺激的な青臭さが消えないため嫌われていますが、あのにおいの原因物質もヘキサナール、ヘキセナールといったアルデヒド類です。カメムシは敵からの攻撃を守るために、アルデヒド類を高濃度に蓄積しているのです。

4-11 日本蕎麦の香りとのど越し

乾麺の蕎麦の風味をアップする技

日本蕎麦でも、中に含まれる脂質中の不飽和脂肪酸が空気あるいは酵素の力で分解され、アルデヒドが生成することで独特なにおいが発生することが知られています。それが日本蕎麦のフレッシュなにおいを特徴づけています。ただ、日本蕎麦のにおいは少し青臭さが強く、うどんやスパゲッティとは異なっています。これは日本蕎麦の脂質を構成する不飽和脂肪酸の組成が異なることによって、生成するアルデヒドの量が異なることに起因しています。

表4-2は、日本蕎麦、うどん、スパゲッティに含まれる不飽和脂肪酸の組成を食品成分データベースから抜き出したものです。日本蕎麦の場合、オレイン酸は検出されないものの、リノール酸は比較的多く、空気酸化あるいは酵素的酸化によりヘキサナールが多く揮発すること

	オレイン酸	リノール酸	α-リノレン酸
蕎麦粉（全層）	0	950	61
乾スパゲッティ	180	820	49
うどん乾麺	0	530	29

注）いずれも100gあたりのmg

表4-2　各種麺の不飽和脂肪酸組成

が予想され、それが蕎麦特有のグリーンなにおいのもとであると考えられます。

蕎麦屋で打ち立ての日本蕎麦を食べると特有の強いにおいが感じられ、これが日本蕎麦のおいしさの大切な要素といってよいでしょう。家庭では、乾麺をゆでて食べることが多いのではないでしょうか。乾麺をゆでるとどうしても生麺に対して風味が弱いと感じます。その理由として、乾燥の過程でにおい物質が揮発してしまうということと、乾麺をゆでるとにおい物質が揮発しやすい、という2つが考えられます。そこでここではゆでる時にひと工夫をして、できるだけ日本蕎麦のにおいを感じられるようにする方法を紹介します。

蕎麦をゆでるという過程は、まず、水が麺の内部に浸透していき、その後高温でタンパク質を熱変性させ、デンプンを糊化させることで食べられる状態になります。それならば、この過程の最初の部分である、水が麺の内部に浸透する部分を室温の水で行い、その後、短い時間で高温の水でゆでれば、少しでも麺を高温の状態に置く時間を短く

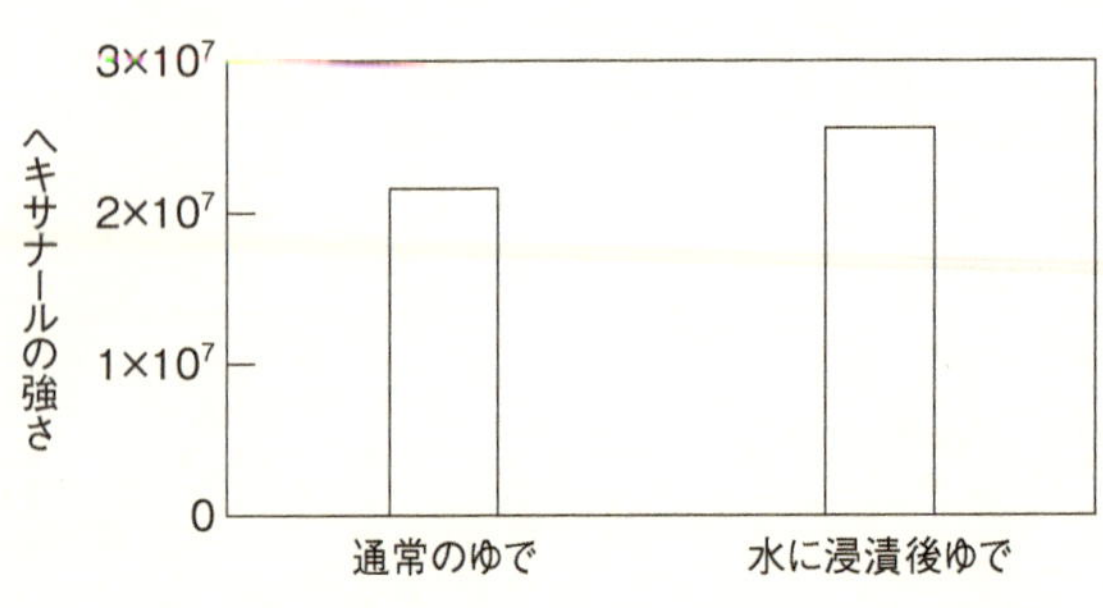

図4-25　ゆでた日本蕎麦からのヘキサナールの揮発量

し、におい物質が逃げないようにできるはずです。この方法でゆであがった麺のにおい分析を行い、日本蕎麦のにおい物質として重要なヘキサナールの量を、通常のゆで方のものと比較してみました。

市販の日本蕎麦乾麺を用いて、標準の4分間ゆでた麺と、あらかじめ10分間室温の水に浸漬し、その後2分間ゆでた麺のにおい分析を、GC／MSを用いて行いました（図4-25）。図より、あらかじめ水に浸漬した後、短い時間でゆでた麺のヘキサナールの強さは通常のゆで方の麺に比べて、20％ほど強くなっていることがわかりました。

つまり日本蕎麦の乾麺をゆでる時は、あらかじめ乾麺を水に浸漬しておき、その後短時間でゆでることで、風味豊かな日本蕎麦を味わうことができます。

あるテレビ番組でこのことを情報提供した時に、ディレクター氏からヘキサナールの試薬のにおいをかがせてほしいと依頼されました。先に述べたように、におい物質は低濃度では好ましいにおいでも、高濃度になると悪臭に感じられるものです。したがって、ディレクター氏には「やめておいた方がよいですよ」と伝えましたが、どうしてもお願いしますとのことでしたので、試薬を購入し、番組でご一緒した身長2メートルのレポーター氏にその試薬のにおいをかいでいただきました。結果は、皆さんのご想像にお任せしたいと思います。

日本蕎麦ののど越し

日本蕎麦は、独特のグリーンなにおいを楽しむ食品ですが、もう一つ、のど越しというおいしさを決める要因があります。歯ごたえとか硬さといった要因なら材料試験装置で数値化することができますが、のど越しというのはヒトの感性に依存する因子であり、数値化するのが困難です。そこで食品分野では、ヒトが実際に食べてのど越しがよいか悪いかを判断するという手法があります。このようにヒトの感性を数値化する試験方法を、官能評価試験（sensory test）といいます。

ここではのど越しをよくするいくつかの手法を試してみて、官能評価試験によりどの手法が適しているかを探ります。

このテーマも、あるテレビ番組で紹介されたものです。その番組では、日本蕎麦ののど越しをよくする手法として、

① ゆで水1ℓに大さじ1杯の片栗粉を入れてゆでる
② ゆで水1ℓに大さじ1杯の油を入れてゆでる
③ ゆで水1ℓに大さじ1杯の小麦粉を入れてゆでる

の3択を提示しました。

片栗粉や小麦粉の提案は、湯が沸騰するとデンプンが糊化して麺の表面を滑らかにすることをねらっています。油はそれ自体が滑らかですので、麺の表面をコーティングすることをねらっていますが、課題としては、油臭くなってしまう点です。今回は、油臭くならない量である、ゆで水1ℓに大さじ1杯の食用油を加えることにしました。

実際にゆでた麺をよく訓練された8名のパネリスト（官能評価試験者）が食べて、標準条件である、何も加えないでゆでた日本蕎麦の評点を3とし、のど越しがややよい場合4、明らか

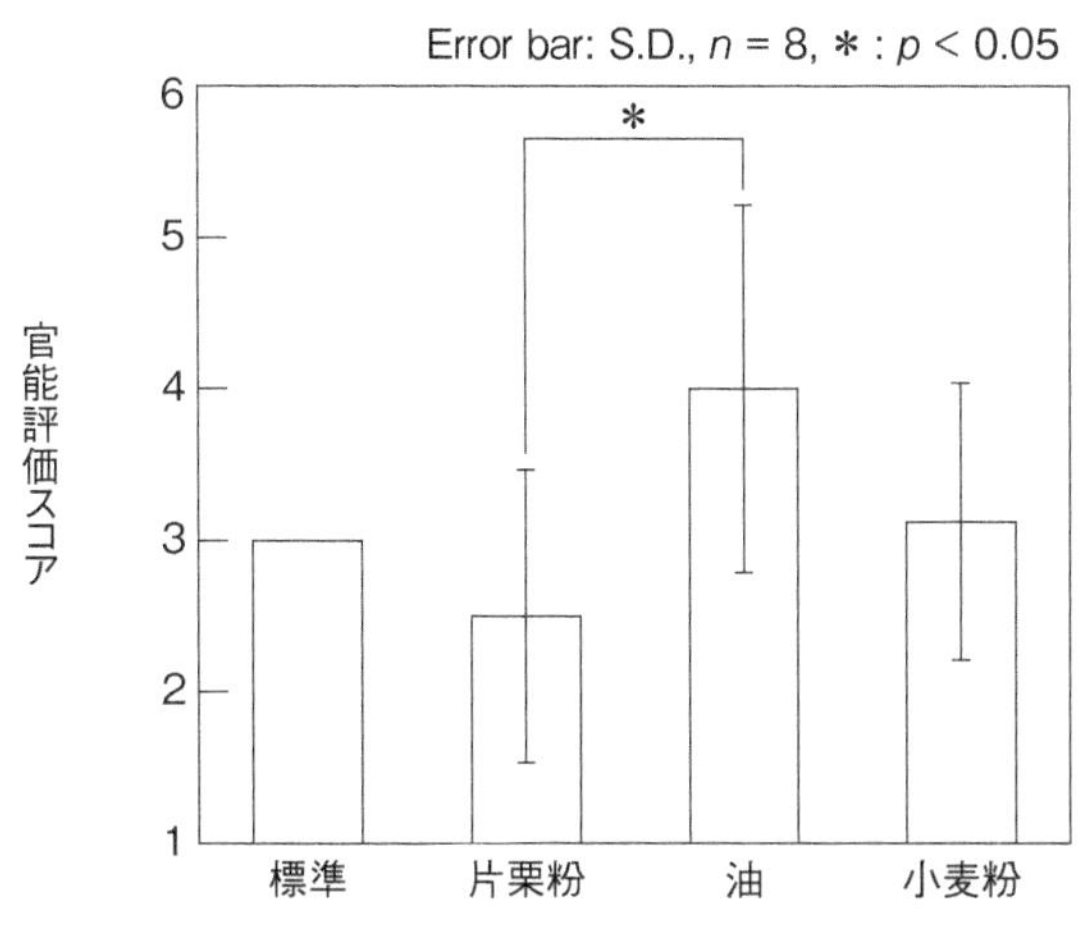

図4-26　日本蕎麦ののど越しに関する官能評価試験結果

によい場合を5、逆にやや悪い場合を2、明らかに悪い場合を1として評点をつけ、スコアの集計を行いました（図4-26）。標準条件とした、何も添加しないでゆでた日本蕎麦の官能評価の評点はすべて3ですので、ばらつきはありません。これに対して、麺表面へのデンプンのコーティング効果をねらった片栗粉と小麦粉は標準条件とそれほど変わらない結果となりましたが、油を添加した条件では、片栗粉を添加した条件に対して有意にのど越しがよくなったという結果でした。また、油のにおいが蕎麦に移るということもありませんでした。

ゆでる前に水に油を注ぐ方法は、油のにおいはまったく感じられず日本蕎麦の風味にも影響を及ぼさなかったことから、手軽で簡単な日本蕎麦ののど越し改善法ということができます。

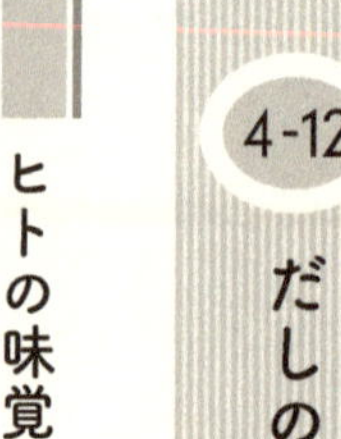

4-12 だしのうま味とはなにか

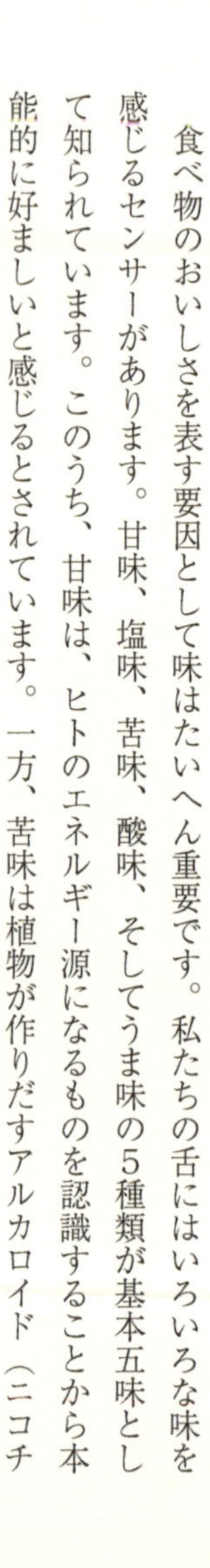

ヒトの味覚

食べ物のおいしさを表す要因として味はたいへん重要です。私たちの舌にはいろいろな味を感じるセンサーがあります。甘味、塩味、苦味、酸味、そしてうま味の5種類が基本五味として知られています。このうち、甘味は、ヒトのエネルギー源になるものを認識することから本能的に好ましいと感じるとされています。一方、苦味は植物が作りだすアルカロイド（ニコチン、モルヒネ、キニーネなど）などの毒物を認識すること、また、酸味は微生物による腐敗を認識することを目的としており、本能的には避ける傾向にあります。

　皆さんも幼い頃、ピーマンや梅干しは受け付けなかった方も多いと思います。しかしながらヒトは経験により、苦味や酸味のあるものを好むようになります。その代表例はコーヒーではないでしょうか。コーヒーは苦いので子供はあまり好みませんが、大人になって飲むと眠気が覚め奥深い風味があることを感じられるようになり、そうなると嗜好品になります。塩味はミネラル（ナトリウム）を認識するため、うま味はアミノ酸（グルタミン酸）を認識するために存在していると考えられています。

　基本五味だけですべての味を説明できるわけではありません。渋味は苦味に似ていますが、渋柿を食べた時のしびれるような感覚は苦味とは異なります。ワサビやトウガラシの辛味は味覚というよりも痛覚に近い感覚として味覚を構成しています。そのほか、食品の温度や、舌ざわり（粒々感、硬さ、滑らかさ）、さらにはにおいも含めて風味として私たちは食品のおいしさをとらえています。

うま味とはなにか

基本五味の中で、うま味については、比較的近年発見された味覚です。昆布のうま味がグルタミン酸ナトリウムであることを明らかにしたのは、東京帝国大学（現在の東京大学）理学部教授であった池田菊苗(きくなえ)博士でした。1908年のことです。その後、日本人研究者によって、カツオ節から抽出したうま味成分がイノシン酸塩であること（1913年）、シイタケから抽出したうま味成分がグアニル酸塩であることが発見されましたが、日本人が感じるようなうま味の概念が欧米にはなかったため、長年うま味については懐疑的でした。ところが2000年になり、舌にグルタミン酸を検知するセンサー（受容体）が発見され、うま味が基本味覚の一つであることが世界的に認識されるようになりました。特に2013年、和食がユネスコ無形文化遺産に登録され、多くの外国人観光客が日本を訪れ、和食を味わうことにより、だしのうま味に対する認識はいっそう高まっていると考えられます。以上のような経緯から、英語にはうま味に相当する単語がなく、そのまま「umami」として使われているのは興味深いことです。

味の素株式会社の近藤高史（たかし）博士によれば、だしのうま味は欧米人には理解できないが、何回も経験することによって好むようになる、ということです。これは、苦味、酸味とまったく同じではないでしょうか。

グルタミン酸そのものは酸ですから酸味を感じますが、ナトリウム塩になると強いうま味を感じます。しかし舌の上のセンサーはグルタミン酸を検知する機能を持っていますので、おそらくうま味のセンサーはタンパク質を検知し、必要なタンパク質を体に取り入れるための役割を担っているのではないかと考えられています。

現在知られているうま味物質としては、前述のグルタミン酸塩に加えて、核酸の一種であるイノシン酸、グアニル酸のほかに、貝類に含まれるコハク酸およびコハク酸塩などが挙げられます。

また、重要な性質として、アミノ酸系のうま味物質と核酸系のうま味物質を合わせるとうま味の相乗効果があります。このことから昆布だし（グルタミン酸塩）とカツオだし（イノシン酸塩）を合わせるといっそう風味の強いだしが取れるわけです。

市販の麺つゆをさらに風味よく

麺類は麺だけで食べるものではなく、ソースやスープと合わせて料理として味わうものです。うどんもだし汁と合わせてうどん料理というべきものです。うどん用のだし汁は、昆布、煮干し（関西ではいりこと呼ばれます）、カツオ節で取ります。関東風と関西風では異なるものの、共通しているのは、昆布を使うことです。いきなり加熱しないで、室温の水に浸してだしのうま味成分をじっくりと水に溶かしだすことが重要です。この時煮干しを一緒に浸しておく場合もあります。一般的な作り方としては、その後、煮干しは取り出し、昆布のみで加熱します。沸騰直前で昆布を取り出し、カツオ節、煮干しを入れ、ひと煮立ちした後で、布巾で濾すとだし汁のできあがりです。別途、醤油（関東は濃口醤油、関西では淡口醤油）、みりん、砂糖（精製度の低い砂糖が好まれる）で作っておいた「かえし」と合わせて麺つゆのでき上がりです。

このように麺つゆをしっかり作ろうとするとけっこう手間のかかる作業ですので、日常の家庭では、市販の麺つゆの登場が多くなるということになります。近年の市販の麺つゆは十分に

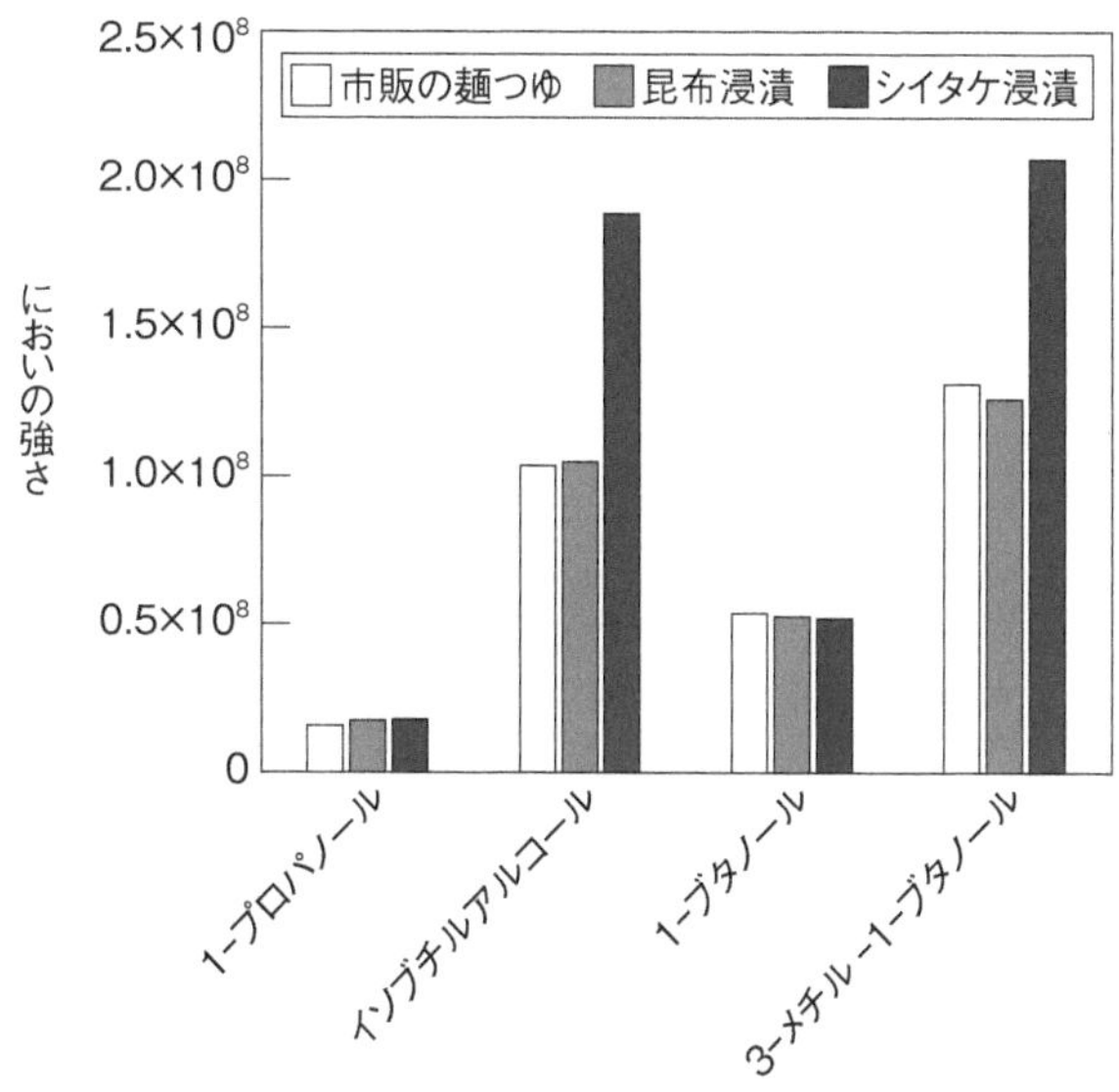

図4-27　麺つゆの風味向上法の検討

風味豊かでおいしいのですが、あるテレビ番組で、市販の麺つゆの手軽な風味向上法を提案してほしいという依頼がありました。

そこで市販の麺つゆに、乾燥昆布や干しシイタケなどを漬け込んで風味向上をねらってみました。市販の麺つゆはそれ自体、味は十分調整されているので、特に香りが強調されるようなレシピを作ることを目標としました。

そこで、市販の麺つゆに、昆布、シイタケをそれぞれ浸しておき、処理後の麺つゆのにおいの強さを市販の麺つゆとともに化学分析し、併せて官能評価をすることにしました。

ＧＣ／ＭＳで各種麺つゆ試料から揮発する成分を分析し、1-プロパノール、イソブチルアルコール、1-ブタノール、および3-メチル-1-ブタノールといったにおいに強く寄与する物質を抜き出して比較しました（図4-27）。昆布を浸漬した麺つゆは元の麺つゆと比べてほとんど変化はしていませんでした。しかしシイタケを浸した麺つゆは、イソブチルアルコールや3-メチル-1-ブタノールが強くなっていることがわかります。

昆布を浸漬した麺つゆでも、昆布を浸漬したことにより、元の麺つゆにはない物質がいくつか検出されていました。おそらく、これらの物質は揮発しやすく麺つゆの製造工程で失われたものであると推察されます。したがって、昆布を浸漬した麺つゆでも風味の増強効果は十分に感じられ、特に、シイタケを浸漬した麺つゆは、元の麺つゆでは使われていなかった原材料であるということも相まって、顕著な風味増強効果があることがわかりました。

市販の麺つゆに昆布やシイタケを浸しておくだけという手軽な方法で、風味豊かな麺つゆを楽しむことができるわけです。

4-13 ラーメンの脂をまろやかに

脂質は三大栄養素の一つです。脂質への嗜好性というものもあります。しかしながら脂質には味というものはなく、脂質に混ざっているいろいろな成分の風味が脂質の嗜好性になっているものと考えられます。

ラーメンでは、近年わざわざ豚の背脂を加えて食べることが好まれるようになりました。しかし、一方ではたっぷりの脂を嫌う人もいます。ここでは、スープと脂が分離しているような濃厚なラーメンにおいて、ひと手間で脂をスープに分散させ、まろやかな味に変身させる技をご紹介したいと思います。

その技というのは、脂の浮いたスープに卵の黄身を加えるだけです。ひと混ぜすると脂はスープの中に微細な粒となって分散し、一口味わうと滑らかな食感のスープに変身します。

その原理を説明しましょう。卵黄の3分の1は脂質です。さらに脂質の3割くらいがレシチンという物質です。レシチンは疎水性の部分（脂肪酸）と親水性の部分（リン酸基）の両方を持ち、脂にも水にも溶けるという性質を持っています。このような物質を両親媒性分子といいます（図4－28）。図では、両親媒性分子をわかりやすく表すため、親水性の部分を丸で、疎水性の部分を棒で表しています。

ラーメンのスープは水にだしや食塩が溶け込んでいるものです。脂は水に溶けませんから、そのままですと脂の層と水（スープ）の層が分離し、より脂臭さを感じてしまいます。ここに卵黄を加えると図4－29のように、レシチンの水溶性部分がスープ側に、脂溶性部分が脂にさ さったような状態となります。ここで適度に攪拌すると脂は微小な粒子状となります。脂がみかけ上、水の中に微粒子として分散した状態になり、スープは濁ったような状態になり、この状態を乳化と呼んでいます。

両親媒性分子が関わる現象は身の回りで普通にみられます。たとえばマヨネーズは植物油と卵黄を混ぜて乳化させたものです。クリームのような食感は乳化によって形成されています。バターはマヨネーズと反対で、油の中に水が微粒子として分散しています。水が分散していることがバターのおいしさの一つとなっていますので、不用意に温めて水を追い出してしまうと、バターのおいしさが損なわれることになります。

食品以外でも乳化現象はみられます。石鹼も両親媒性分子です。衣類などに付着した油汚れに洗剤の脂溶性部分が結合すると油汚れの外側は親水性部分で覆われます。このことにより、油汚れは衣類を離れて水に溶けるようになり、衣類がきれいになるわけです。

食べ物に話を戻しますが、両親媒性分子によって乳化が起こり、脂をまろやかにする仕組みがわかっていれば、脂っこいものもおいしく食べることができますね。ここでは卵黄を入れるだけの簡単な技ですし、この章全体でどれも家庭ですぐできる技を紹介してきました。科学的な裏付けとともに楽しんでいただけましたでしょうか。

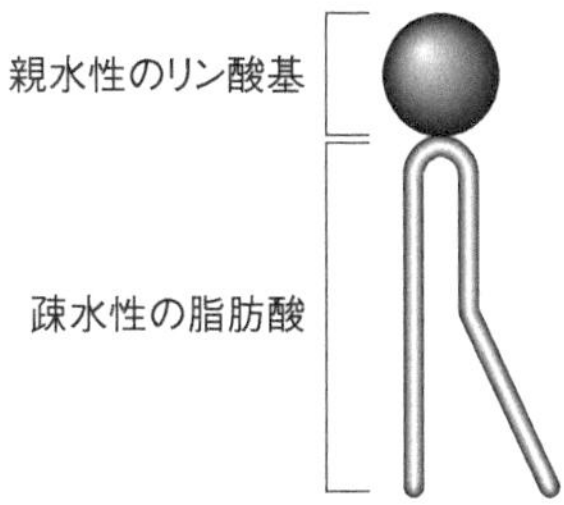

親水性のリン酸基

疎水性の脂肪酸

図4-28　両親媒性分子

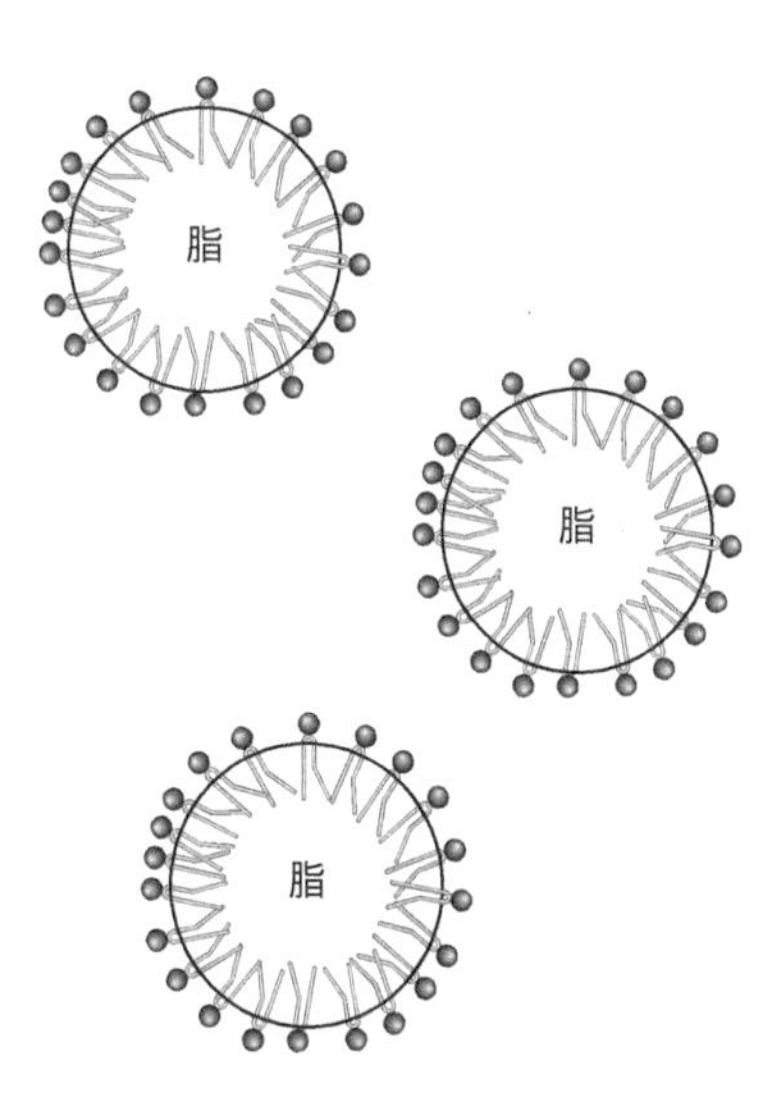

図4-29　卵黄レシチンによる脂の乳化

第5章

麺の科学NG集

麺の科学をお楽しみいただけましたでしょうか。もうすでにいろいろと試された方もいらっしゃると思います。本書の第4章では、麺の食感をよくしたり、おいしくするための実験をし、うまくいった事例についてお話ししてきましたが、実は事前検討や実験にあたって数々の失敗事例を重ねてきました。

4-8節において、スパゲッティをゆでる時に、ゆで水の食塩濃度を非現実的なくらいに高くすると確かにスパゲッティの歯ごたえは増しましたが、塩辛くてとても食べられたものではありませんでした。また、健康にもよくはなさそうです。そもそもスパゲッティの歯ごたえを増す必要があるのか、ということを考えると、スパゲッティの食感の本質的なところがみえてきましたし、新食感のモチモチスパゲッティの発想へとつながっていきました。

本章では、失敗は成功のもと、失敗事例に学ぶ、という観点から、NG集をまとめてみました。本来、科学の進歩は、山のような失敗の上に構築されています。ご笑覧いただければ幸いです。

5-1 うどんのゆで水、pHを下げ過ぎると……

4－7節では、ゆで水に梅干しを入れて少し酸性にして麺をゆでると歯ごたえが強くなることがわかりました。その時のpHは4・8でした。少し酸性になるとデンプンのゆで溶けが少なくなるため、歯ごたえが増すという原理でした。

それでは、もっと酸性を強くしたらどうなるでしょうか。ゆで水に食酢を加えて、pHを3くらいにしてみました。水に対して食酢5％程度ですから、温度を上げていくとかなりにおいます。このゆで水を使って、標準ゆで時間7分のうどんの乾麺をゆでてみました。

その結果、ゆで水は白く濁り、明らかにデンプンのゆで溶けは多いという印象でした。図5－1は、通常の水でゆでたうどんと、食酢入りゆで水でゆでたうどんの表面の状態です。食酢入りゆでうどんは表面が荒れていて、ゆで溶けが進行している様子がわかります。

ゆで水のpHとデンプンのゆで溶けとの関係は複雑で、中性（pH＝7）ではゆで溶けが多く、弱い酸性と塩基性ではゆで溶けが少なくなり、強い酸性、塩基性ではゆで溶けが多くなるとい

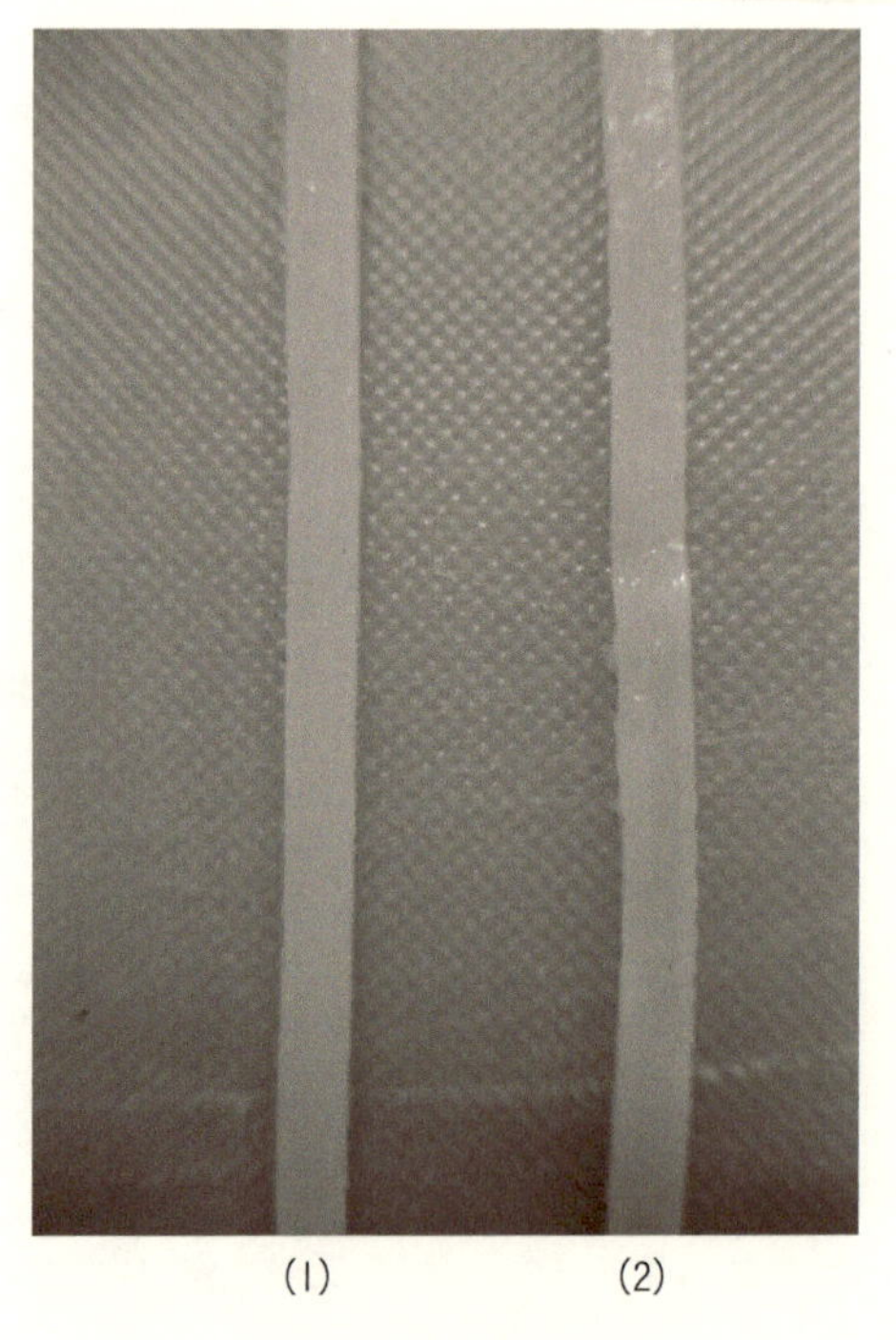

図5-1　酸性条件でゆで溶けしたうどん
(1) 中性条件　(2) 酸性条件

う傾向にあります。

5-2 うどんだって蒸し調理で時短になるはず!?

スパゲッティをフライパンと少量の水で調理すると、実質的に蒸し調理となり、アルデンテが残りつつ、表面がモチモチした食感になることを見いだした筆者は少し調子に乗り過ぎていました。あるテレビ番組でうどんの特集が組まれたのですが、その中でうどんのフライパン蒸し調理を試みることになりました。十分に事前検討をしなければならないところ、諸事多忙を極めていた時期で、ぶっつけ本番で大学での収録に臨むことになりました。そのほかの収録は順調に進捗（しんちょく）し、最後にうどんの蒸し調理をすることになりました。

結論から申しあげるとこの収録は完全に失敗で、フライパンにうどんがくっついてしまいました。さらに、うどんはスパゲッティと異なり歯ごたえを強くするため元々食塩を添加してあるため、このフランパン蒸し調理法では、ゆで汁がすべて水蒸気化して最終的に食塩が麺にもどるため、塩からくてとても食べられたものではありませんでした。どんな実験でも事前に十分に検討しておくことの大切さを改めて学びました。

図5-2の、うどんを蒸し調理した結果フライパンにこびりついたうどんの惨状をご笑覧ください。

5-3 水浸漬の末もろくも崩れた日本蕎麦

日本蕎麦の乾麺をあらかじめ室温の水に浸漬させ、デンプン粒子内部に水を浸透させておくことで、ゆで時間を少なくすることができ、結果として日本蕎麦の風味を強化できることを4-11節で示しました。当初は安全策をとって、10分ほど水に浸漬させて、その後、標準の半分の時間でゆで上げる方法で、風味を20％ほど強化することができました。

そうなると限界まで試してみたいというのが人情です。次に試みたのが、30分ほど水に浸漬させ、その後1分程度ゆでるというものでした。しかしながら水浸漬の結果は、図5-3に示

図5-2　フライパン上でくっついたうどん

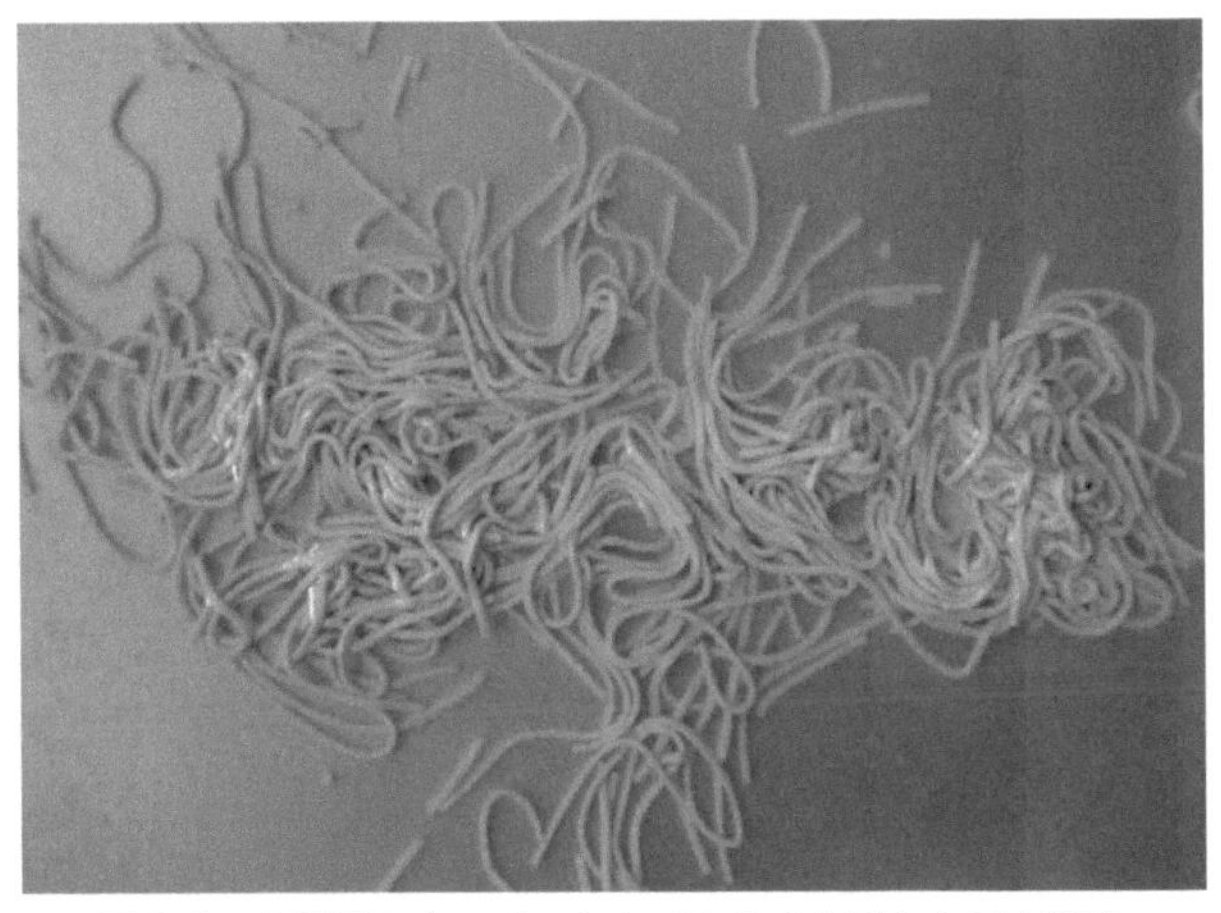

図5-3　水浸漬の末、バット中でもろくも崩れた日本蕎麦

すように麺がばらばらにほぐれ、とてもゆでられる状態ではありませんした。
結論として「10分間水浸漬、半分の時間ゆで」というのがよかったようです。

5-4 麺をスープに、スープを麺に?

テレビ番組への協力をしていると、時として不思議な企画があります。ここではその一つをご紹介します。ある番組から「麺をスープに、スープを麺にしたい」という要望が寄せられました。筆者は、よくテレビ番組から相談や依頼があるのですが、基本的にはできるだけ先入観をもたずに対応することにしています。この時も最初は何のことかと思いましたが、思い直して、そこに何か新しい発見があるかもしれない、と番組への協力を決めました。

麺を液体にすればよいのですから、フードプロセッサーでゆでたうどんをドロドロの状態にしました。ちょうどとろろをすり下ろしたような感じです。ちょっとスープとはいえない感じでしたが、まずはこれでいくことにしました。続いて、スープを麺にするには液体を固めればよいわけですから、これにはいろいろと技術があります。その中で、ゼラチンをとり上げました。ゼラチンはコラーゲンを熱処理したもので、ゼリーやグミを固める材料として使われています。煮こごりは、魚や肉にコラーゲンが多いことを利用して具材と煮汁を一緒に固めた料理です。温めた麺のスープ250ccに5gのゼラチンを加えてかきまぜ、室温まで下げるとコーヒーゼリー状のものができます。これを包丁で細く切り、麺の形にしました。収録はフードプロセッサーを使う所、ゼラチンでスープを固める所を含めて順調に進捗し、無事に収録を終えることができました。そこで不穏な空気を感じ取ればよかったのですが、残念ながら無事に収録が終わったことで安堵していました。

しばらくディレクター氏から何の連絡もなかったのですが、ある日、突然番組のDVDが送られてきて愕然としました。番組のストーリーとしては「学者・先生のアイディアを紹介し、麺の達人はさらにこんなにすばらしいアイディアがある」といったもので、そういったことはままあることなのでそれでよいのですが、問題は麺の達人が出したアイディアが「生の小麦粉」を水に溶いてスープにするというものだったことです。

1-1節の食品素材としての小麦粉（小麦タンパク質）のところで、小麦粉に含まれるタンパク質を水に溶かすと、アミラーゼ阻害剤という物質が出てくることをお話ししました。これは私たちの唾液や膵液に含まれるα－アミラーゼの働きをなくしてしまう、私たちにとっては、いわば毒物だということです。たくさん食べることでお腹をこわしたり、腸閉塞を起こしたりするやっかいなタンパク質です。

この麺の職人さんがこういった基本的なことを理解せずに、収録にのぞんでしまったことに苦笑せざるを得ませんでしたが、依頼する側が気をつけていかなくてはなりません。さっそくディレクター氏にはその旨を伝え、このような科学が関与するような番組作りには最初から最後まで専門家の監修を受けることが必要であることを伝えました。

まだ若いディレクター氏、きっとよい勉強になったと思います。

おわりに

筆者の若い頃の話で恐縮ですが、青雲の志を持って初めて訪れた京都の地で、たまたま入ったうどん店で食べたうどんに驚きました。手打ちうどんだというその麺は美しいクリーム色で、食感は硬すぎず柔らかすぎず、のど越しが実に滑らかだったのを覚えています。その頃はわかりませんでしたが、おそらく豪州産の灰分の少ない上等な小麦粉を使っていたものと思われます。それにも増して驚いたのは、透明度の高いつゆであるにもかかわらずうま味が凝縮されており、生まれて初めてうどんがこんなにうまいものだということを知りました。

その後社会人になって、各地のうどんを食べるようになり、地域ごとにさまざまな食感のうどんがあることを知るようになりました。秋田で仕事をしている頃食べた稲庭うどんは、冷や麦に近い太さの麺であるにもかかわらず、強い歯ごたえに心地よさを感じました。また仕事で出向いた三重や博多で食べたうどんは、びっくりするくらい太くて軟らかな食感でした。このことから、うどんは弾力性とコシのみで語られるものではなく、多様な食感の文化があるのだと考えるようになりました。

麺という食品は、もともとは小麦を原料として、粥状からすいとん状を経て、食感や料理の完成度を高めるために細長くなったことを本書ではお話ししてきました。これは小麦粉と水をいっしょに捏ねて得られる生地に、粘弾性的性質という弾力性と粘り気をあわせ持つ特異な性質があることと、密接に関係しています。スパゲッティ、うどん、中華麺など非常に多様な種類の麺が存在するのは、蕎麦やライスヌードルとは一線を画する特徴であるといえましょう。麺文化は、イタリアと中国で花開き、中国からわが国に伝えられてさらに劇的に発展しました。即席麺はその極みといってよいでしょう。

その小麦粉の特異な性質は、小麦という植物が荒涼とした高原の砂漠地帯で進化してきたことと密接な関係があります。小麦という植物は厳しい環境の中で、うまく水を得、窒素分を得て、さらに鳥獣に食べられないようにと、自らを進化させてきました。この特異な性質により、水と混ぜて捏ねると粘弾性的性質が現れ、塩基性条件下では生地が硬くなり、また栄養価としてはアミノ酸のリシンが決定的に不足しているためアミノ酸スコアの低いタンパク質となっているなど、多くの特徴をもつに至っています。

小麦粉という卑近な食品素材が、かくも深遠で不可思議な魅力にあふれるものであることを教えてくださったのは、筆者の先輩である長尾精一博士です。長尾先生は現在もかくしゃくとして専門書を著すなど精力的に小麦・小麦粉に関わる研究を続けておられる、筆者にとっては師とも仰ぐ人物です。ここ数年、テレビ番組で麺に関するテーマを掲げると視聴率が稼げるそうで、筆者の所にも頻繁に依頼がきます。そんなときは長尾博士をはじめとして先達の書を取り出して、アイデアを練っている今日この頃です。

本書では、身の回りの食べ物にもサイエンスがあることを示しました。したがって、将来の自分を思い描いている中学生や高校生諸君にぜひとも読んでほしいと願っています。また、社会人の皆さんは、仕事帰りにラーメン店に寄り、小麦を栽培して日常の食としたはるかメソポタミアの人々を思いながら麺をすするのも一興かと思います。家庭で料理をされている皆さんには、今日からでも使える技をいろいろとご紹介しました。本書を読みながら麺とは何て素晴らしい世界なのだろうと思っていただければ幸いです。

また、麺の生産に関わる皆さん、さらには麺料理を提供しているプロフェッショナルの皆さんには、製麺・麺料理という技術のバックボーンとなるサイエンスをご活用いただくとともに、本書以外に新たな技や技術をご存じでしたらご教示いただきたいと願っております。後日、「麺の科学Ⅱ」とでも題してまとめてみたいと思います。

本書の編集から出版に至るまで、講談社の須藤寿美子さんにたいへんお世話になりました。こうして本書の形になったのは、須藤さんの熱意とご尽力の賜物と深く感謝申しあげます。

令和元年7月吉日

山田昌治

「除草剤耐性遺伝子組換え作物の普及と問題点」有井彩他「雑草研究」51, pp.263-268（2006）
「活性酸素，過酸化脂質，フリーラジカルの生成と消去機構並びにそれらの生物学的作用」藤田 直「YAKUGAKU ZASSHI」122, pp.203-218（2002）

第4章　科学の力で麺をおいしく

『小麦の科学』長尾精一・編（朝倉書店、1995年）
『小麦とその加工（最新食品加工講座）』長尾精一（建帛社、1984年）
「沸騰の科学（2）」甲藤好郎「伝熱」44, pp.15-20（2005年）
「うま味受容機構と嗜好性」近藤高史,鳥居邦夫「醸協」96（12), pp.829-847（2001年）
「Moisture Distribution and Diffusion in Cooked Spaghetti Studied by NMR Imaging and Diffusion Model」A.Horigane *et al.*「*Cereal Chemistry*」83（3）, pp.235-242（2006）
「T_2 Map, Moisture Distribution, and Texture of Boiled Japanese Noodles Prepared from Different Types of Flour」T.Kojima *et al.*「*Cereal Chemistry*」81, pp.746-751（2004）
「ポリフェノールオキシダーゼと褐変制御」村田容常,本間清一「日本食品科学工学会誌」45, pp.177-185（1998）
「Volatile Compounds from Japanese Noodles, "Udon," and their Formation during Noodle-making」T.Narisawa *et al.*「*Journal of Food Processing & Technology*」8, pp.1-12（2017）
「Cultivar Differences in Lipoxygenase activity Affect Volatile Compound Formation in Dough from Wheat Mill Stream Flour」T. Narisawa *et al.*「*Journal of Cereal Science*」87, pp.231-238（2019）
「そば粉の揮発性成分の官能的特性とその製粉後の消長」青木雅子,小泉典夫「日本食品工業学会誌」33, pp.769-772（1986）
「乾燥中のめんの物理的性質に及ぼす加工条件の影響」三木英三他「日本食品科学工学会誌」43, pp.562-568（1996）
「ゆでめんの製造法改良に関する研究」柴田茂久他「食品総合研究所研究報告」33, pp.18-22（1978）
「うどんの性状に及ぼす塩類の影響」眞壁優美他「日本調理科学会誌」42, pp.110-116（2009）
「麺の組織構造と物性に及ぼす加水量及び食塩量の影響」児島雅博他「日本食品科学工学会誌」42, pp.899-906（1995）
「ゆで麺のテクスチャーに対する水分分布の影響」小島登貴子他「日本食品科学工学会誌」47, pp.142-147（2000）
「食品の物性に影響を与える水分分布をMRIで観る」吉田 充「日本食品科学工学会誌」59, pp.478-483（2012）
「食品の冷凍および解凍に関する技術開発の現状と今後の課題」安藤泰雅他「日本食品科学工学会誌」64, pp.391-428（2017）

『ニッポン、麺の細道』品川雅彦（静山社、2013年）
『麺の文化史』石毛直道（講談社、2006年）
『恐るべきさぬきうどん　麺地巡礼の巻』麺通団（新潮社、2003年）
『麺の歴史　ラーメンはどこからきたか』安藤百福 監修　奥村彪生（KADOKAWA、2017年）
「低温気流粉砕したそば粉の性質」大久長範他「日本食品科学工学会誌」49, pp.46-48（2002）
「そば製麺中におけるルチンの酵素分解」小原忠彦他「日本食品工業学会誌」36, pp.121-126（1989）
「そば切りの水回し工程の解析」堀金 彰 他「日本食品科学工学会誌」51, pp.346-351（2004）
「手延素麺の“厄”処理について」今見 正他「農産加工技術研究会誌」4（8）, pp.4-8（1957）
「ハルサメ（凍麺）に関する研究（第1報）」山村 顥 他「日本食品工業学会誌」13, pp.322-328（1966）
「冷麺の食味特性におよぼすでんぷん原料の影響」遠山 良 他「日本調理科学会誌」30, pp.213-225（1997）
「手延素麺の‘厄’における物性および化学成分の変化」島田淳子他「日本農芸化学会誌」53, pp.5-11（1979）
「ジャポニカ種米粉麺の力学的特性および官能評価」喜多記子他「日本食品科学工学会誌」53, pp.261-267（2006）
「新潟県における米粉・米粉麺への取り組み」吉井洋一他「日本食品科学工学会誌」58, pp187-195（2011）
「香川県の小麦新奨励品種「さぬきの夢2000」の特徴」大山興央他「香川県農業試験場研究報告」55, pp.9-16（2002）
「さぬきうどん用小麦新品種「さぬきの夢2009」の育成」本田雄一他「香川県農業試験場研究報告」62, pp.1-10（2011）
「手延素麺の厄」新原立子他「調理科学」7, pp.134-140（1974）

第3章　麺の栄養学

『機能性食品学』今井伸二郎（コロナ社、2017年）
『ヴォート基礎生化学第3版』田宮信雄他 訳（東京化学同人、2010年）
『基礎栄養学』池田彩子他・編（東京化学同人、2015年）
「The Effect of Minor Constituents of Olive Oil on Cardiovascular Disease: New Findings」F. Visioli, C. Galli「*Nutrition Reviews*」56, pp.142-147（1998）
「みどりの香りの生合成機構: 膜脂質上での酸化開裂反応」松井健二, 肥塚崇男「化学と生物」53, pp.2-4（2015）
「不飽和脂肪酸の酸化生成物」松下雪郎「栄養と食糧」35, pp.375-390（1982）
「小麦ふすまが食後血糖・インスリンに及ぼす影響」木村京子他「日農医誌」65, pp.25-33（2016）

参考文献

第１章　小麦粉、蕎麦粉、米粉——麺を作る粉の科学

『小麦粉利用ハンドブック』長尾精一（幸書房、2011年）
『粉屋さんが書いた小麦粉の本』長尾精一（三水社、1994年）
『シリアルサイエンス　おいしさと栄養の探究』椎葉究・編著（東京電機大学出版局、2014年）
『小麦の機能と科学』長尾精一（朝倉書店、2014年）
『小麦の話』西川浩三,長尾精一（柴田書店、1977年）
『Wheat : Chemistry and Technology vol. Ⅰ』Y. Pomeranz編（AACC, USA 1988）
『Wheat : Chemistry and Technology vol. Ⅱ』Y. Pomeranz編（AACC, USA 1988）
「Wheat」P. R. Shewry「*Journal of Experimental Botany*」60, pp.1537-1553（2009）
「Wheat glutenin subunits and dough elasticity: findings of the EUROWHEAT project」P. R. Shewry *et al.*「*Trends in Food Science & Technology*」11, pp.433-441（2001）
「手延べ麺と機械麺の走査型電子顕微鏡観察」児島雅博他「日本食品工業学会誌」39, pp.471-476（1992）
「タピオカ澱粉配合麺の力学特性と若年者および高齢者による咀嚼特性」江口智美他「日本食品科学工学会誌」59, pp.268-278（2012）
「Changes in the Glutathione Content and Breadmaking Performance of White Wheat Flour During Short-Term Storage」X.Chen and J. D.Schofield「*Cereal Chemistry*」73, pp.1-4（1996）
「Tyrosine Cross-Links: Molecular Basis of Gluten Structure and Function」K.A. Tilley *et al.*「*Journal of Agricultural Food Chemistry*」49, pp.2627-2632（2001）
「アフリカのイネ，その生物史とアジアとの交流の歴史」田中耕司「熱帯農学研究」6, pp.18-21（2013）
「Effects of pH changes on functional properties of native and acetylated wheat gluten」M. Majzoobi and E. Abedi「*International Food Research Journal*」21, pp.1219-1224（2014）
「15. キャッサバ」河野和男「作物育種の従来手法：最新バイオテクノロジーの役割評価における基準線となる歴史的な評価（経済協力開発機構）」pp.165-173（1991）

第２章　こんなにある！　おいしい麺いろいろ

『手打ちうどんの作り方』蓮見壽 監修（日東書院、2007年）
『パスタと麺の歴史』K.Shelke　龍和子 訳（原書房、2017年）
『ラーメンを科学する』川口友万（カンゼン、2018年）

【ま行】

【や行】

【ら行】

【た行】

【な行】

【は行】

【さ行】

さくいん

N.D.C.596　238p　18cm

ブルーバックス　B-2105

麺の科学
粉が生み出す豊かな食感・香り・うまみ

2019年7月20日　第1刷発行
2023年8月7日　第3刷発行

著者　山田昌治
発行者　髙橋明男
発行所　株式会社講談社
〒112-8001　東京都文京区音羽2-12-21
電話　出版　03-5395-3524
販売　03-5395-4415
業務　03-5395-3615
印刷所　（本文表紙印刷）株式会社ＫＰＳプロダクツ
（カバー印刷）信毎書籍印刷株式会社
製本所　株式会社ＫＰＳプロダクツ
本文データ制作　ブルーバックス

定価はカバーに表示してあります。

©山田昌治　2019, Printed in Japan
落丁本・乱丁本は購入書店名を明記のうえ、小社業務宛にお送りください。送料小社負担にてお取替えします。なお、この本についてのお問い合わせは、ブルーバックス宛にお願いいたします。

本書のコピー、スキャン、デジタル化等の無断複製は著作権法上での例外を除き禁じられています。本書を代行業者等の第三者に依頼してスキャンやデジタル化することはたとえ個人や家庭内の利用でも著作権法違反です。

Ⓡ〈日本複製権センター委託出版物〉複写を希望される場合は、日本複製権センター（電話03-6809-1281）にご連絡ください。


ISBN978－4－06－516745－8

発刊のことば

科学をあなたのポケットに

二十世紀最大の特色は、それが科学時代であるということです。科学は日に日に進歩を続け、止まるところを知りません。ひと昔前の夢物語もどんどん現実化しており、今やわれわれの生活のすべてが、科学によってゆり動かされているといっても過言ではないでしょう。

そのような背景を考えれば、学者や学生はもちろん、産業人も、セールスマンも、ジャーナリストも、家庭の主婦も、みんなが科学を知らなければ、時代の流れに逆らうことになるでしょう。

ブルーバックス発刊の意義と必然性はそこにあります。このシリーズは、読む人に科学的に物を考える習慣と、科学的に物を見る目を養っていただくことを最大の目標にしています。そのためには、単に原理や法則の解説に終始するのではなくて、政治や経済など、社会科学や人文科学にも関連させて、広い視野から問題を追究していきます。科学はむずかしいという先入観を改める表現と構成、それも類書にないブルーバックスの特色であると信じます。

一九六三年九月

野間省一